玩嗨了

設計

PHOTOSHOP
ILLUSTRATOR
CHATGPT

鄭苑鳳 著

LCT 策劃

AI突破你對創意的想像

博碩文化

作　　者：鄭苑鳳 著・ZCT 策劃
責任編輯：何芃穎

董 事 長：陳來勝
總 編 輯：陳錦輝

出　　版：博碩文化股份有限公司
地　　址：221 新北市汐止區新台五路一段 112 號 10 樓 A 棟
　　　　　電話 (02) 2696-2869　傳真 (02) 2696-2867

發　　行：博碩文化股份有限公司
郵撥帳號：17484299　戶名：博碩文化股份有限公司
博碩網站：http://www.drmaster.com.tw
讀者服務信箱：dr26962869@gmail.com
訂購服務專線：(02) 2696-2869 分機 238、519
（週一至週五 09:30 ～ 12:00；13:30 ～ 17:00）

版　　次：2023 年 12 月初版

建議零售價：新台幣 720 元
I S B N：978-626-333-706-0
律師顧問：鳴權法律事務所 陳曉鳴律師

本書如有破損或裝訂錯誤，請寄回本公司更換

國家圖書館出版品預行編目資料

設計玩嗨了！Photoshop x Illustrator x ChatGPT：
AI 突破你對創意的想像 / 鄭苑鳳著 . -- 初版 .
-- 新北市：博碩文化股份有限公司，2023.12
　　面；　公分

978-626-333-706-0(平裝)

1.CST: 數位影像處理 2.CST: Illustrator(電腦
程式) 3.CST: 人工智慧

312.837　　　　　　　　　　　　112020835

Printed in Taiwan

博碩粉絲團

歡迎團體訂購，另有優惠，請洽服務專線
(02) 2696-2869 分機 238、519

序言

Adobe 軟體經過十多年的演進，功能上越來越強大，在執行的效能上更掌握了「快」、「穩」、「準」的三大方針，不但在特效的處理速度上更加快速，操作系統也很穩定，在物件尺寸的設定上更可以精準的呈現，讓美術設計師可以盡情的發揮靈感和創意，作出更具深度的藝術作品，特別是 Photoshop 和 Illustrator 這兩套軟體都是設計工作者必備的創作工具。不管是學校或補習班，也都將它們列為美術設計科系學生必學的軟體，甚至是資訊資管相關科系，也都將它們列入課程的選修或必修科目。

為了讓更多非專業背景出身的人也能夠學會影像編修技巧，甚至於發揮創意，本書的編寫儘可能以初學者入門的角度去進行思考，希望能夠為更多初學者提供一個無痛苦的學習環境，因此在內容的介紹上，採取循序漸進的方式，將 Photoshop 和 Illustrator 常用的功能或好用的技巧，讓初學者在最短時間內吸收精華。在寫作上也儘可能省卻繁雜的程序步驟與艱澀難懂的文句，期望將這兩套軟體最精湛的一面呈現給更多人認識。

本書特別加入了「ChatGPT 讓 Photoshop + Illustrator 設計好好玩」，讓您輕鬆掌握繪圖的基礎知識。透過 ChatGPT 的引導，您將學習在 PhotoShop 中繪製各種影像編修技巧，以及在 Illustrator 中繪製各種圖形的技巧。此外，我們還介紹了一些令人驚豔的生成式 AI 繪圖平台與工具，包括 Dalle · 2、Midjourney、Playground 和 Bing Image Creator 等。這些工具將幫助您創造出更酷炫的圖形作品。無論您是初學者還是有經驗的設計師，本書將為您打開創意的大門，讓您在影像處理領域中展現無限的可能性。

擁有本書是你學習 Photoshop 和 Illustrator 最佳的夥伴，它能夠直接且隨時在你左右，陪你學習及給你解答，讓你擁有紮實的根基。當你學習完本書的內容，這兩套被認定為高階繪圖軟體也將成為你的最愛，不管是圖層的使用、向量圖形的繪製、圖文的編輯等都難不倒你。

本書盡量力求內容完整無誤，若仍有疏漏之處，還望各位不吝指正！

CHAPTER 00
進入影像處理的異想世界

Photoshop 基礎篇

CHAPTER 01
數位影像的基礎編修技巧

CHAPTER 02
不藏私的影像選取技巧

CHAPTER 03
圖層編修與進階應用

CHAPTER 04
文字的建立與應用

CHAPTER 05
向量繪圖設計

CHAPTER 06
特效濾鏡與自動化功能

Illustrator 基礎篇

CHAPTER 07
Illustrator 的基礎操作

CHAPTER 08
造形繪製和組合變形

CHAPTER 09
線條的建立與編修

CHAPTER 10
色彩的應用

CHAPTER 11
文字的設定 / 變形 / 效果

CHAPTER 12
創意符號 / 3D / 圖表

CHAPTER 13
列印與輸出技巧

Photoshop 與 Illustrator 整合運用篇

CHAPTER 14
廣告宣傳單設計

CHAPTER 15
包裝紙盒設計

CHAPTER 16
ChatGPT 讓 Photoshop + Illustrator
設計好好玩

CHAPTER 17
酷炫的生成式 AI 繪圖平台與工具

進入影像處理的異想世界

日常生活中「影像」無所不在，特別是視覺的認知，佔了人類感官認知的 80% 以上；而影像就是視覺投射的最終成果。影像處理（image processing）簡單說就是利用電腦對二維圖像進行分析、加工、保存、修改與傳遞的相關美化處理，使其能滿足閱覽者視覺、心理或其他要求的專業技術。各位隨處可以見到許多的照片、圖案、海報、社群圖片、電視畫面，早期這些影像畫面都需要專業的設計人員才能夠處理，現在由於科技的進步，耗時繁瑣又精緻的畫面效果，都可以透過電腦來幫忙處理，讓許多對「美」有興趣的人，都可以輕鬆做出專業的影像處理效果。

0-1 ｜ 認識數位影像

　　「數位影像」就是將影像資料以數位的方式保存，透過數位化過程可保留影像的所有細節，以便後續加工處理，現代影像處理技術主要是用來編輯、修改與處理靜態圖像，以產生不同的影像效果。例如將圖片或照片等資料，利用電腦與周邊設備，如掃描器、數位相機等，將其轉換成數位化的資料。數位化的管道很多，例如有以下方式：

- 使用掃描器掃描照片、文件、圖片等，並將其轉為數位影像。
- 使用數位相機或透過 DV 直接取得動態影像，再使用電腦加以編修。
- 對於一般錄影帶、VCD、DVD 的動態影像，還可利用影像擷取卡轉為數位影像。
- 使用電腦繪圖軟體設計圖案，再利用影像處理軟體加以編修，最後可在電腦上呈現數位化的影像檔。

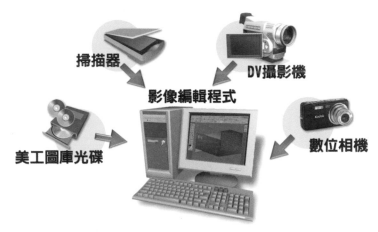

影像圖檔來源可透過相機、攝影機、掃描器或光碟等外來方式取得

　　想要學習繪圖設計，對於點陣圖、向量圖、色彩模式、解析度、影像常用格式等知識必須有所了解，這些名詞會在影像編輯時陸陸續續出現，而圖像會因為產生的方式、處理方法、繪製用途等差異而顯現不同的結果，如果你能了解相關知識，就能作最佳的選擇和整合運用。

　　數位影像的種類基本上可區分為兩大類型：一是「點陣圖」，另一是「向量圖」。

🔸 點陣圖

點陣圖是由眾多的像素（Pixel）所組成，依據色彩訊息分為 8、16、24 等位元，位元數越高表示顏色越豐富。「點陣圖」影像就是具有連續色調的影像，一般數位相機所拍攝下來的影像，或是掃描器掃描進來的圖像，都是屬於點陣圖像。檔案格式若為 BMP、TIFF、GIF、JPG、PNG 等，也可斷定它為「點陣圖」。由於需要記錄的資料量較多，因此影像的解析度越高，尺寸越大，相對地檔案量也越大。製作印刷用途的美術作品，最好先取得高畫質、高解析度的影像，才能確保印刷的品質。如下圖所示，放大門口上方的招牌時就會看到一格格的像素。

原圖

放大門口招牌會看到一格格的像素

當解析度高時，影像在單位長度中所記錄的像素數目就比較多，對於銳利的線條或文字的表現能產生較好的效果。如果原先拍攝的影像尺寸並不大，卻要增加影像的解析度，那麼繪圖軟體會在影像中以「內插補點」的方式來加入原本不存在的像素，因此影像的清晰度會降低，畫面品質變得更差。所以在找尋影像畫面時，盡量要取得高畫質、高解析度的影像才是根本之道。

通常美術設計師在設計文宣或是廣告之前，都會先根據需求（網頁或印刷用途）來決定解析度、文件尺寸或像素尺寸，因為文件尺寸與解析度會影響到影像處理的結果，尤其置入的影像圖片，在加入 Photoshop 的「濾鏡」時，不同解析度的圖片在套用相同的設定值時，所呈現出來的畫面也不盡相同。如下圖所示：

 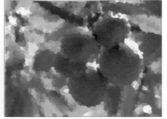 

解析度：300　　　　　　　　解析度：150　　　　　　　　解析度：96

解析度不同的圖片套用在相同的濾鏡設定值中，其效果各不相同

🔵 向量圖

　　向量圖是透過數學方程式的運算來構成圖形的點線面，由於圖形或線條的呈現都是利用數學公式描繪出來的，所以不會有失真的情況出現。它的特點是檔案量小，而且圖形經過多次縮放也不會有失真或變模糊的情形發生。它的缺點是無法表現精緻度較高的插圖，適合用來設計卡通、漫畫或標誌等圖案。所以當各位放大圖形或線條時，畫面仍然維持平滑而精緻的效果，不會有鋸齒的情況發生，就能斷定它是向量圖形。

原圖

圖形放大後仍維持平順的線條，不會有鋸齒狀發生

　　對於漫畫、卡通、標誌設計等以簡單線條表現的圖案，適合利用向量繪圖軟體來製作，這類的程式包括了 Illustrator、CorelDRAW 等，檔案格式若為 EPS、AI、CDR、EMF、WMF 時，大多屬於向量圖形。

現今的繪圖軟體功能越做越強大，像是 Photoshop 雖以編輯點陣圖的影像為主，但是它也有提供向量繪圖工具，諸如：矩形工具、橢圓工具、多邊形工具等皆屬之。而 Illustrator 以編輯向量圖形為主，卻也能置入點陣圖像，因此在設計各種的文宣、海報或插畫時，各位都可以如魚得水般地盡情發揮創意。

0-2 | 色彩三要素

色彩三要素是指色相、明度、彩度。任何一個顏色都可以從這三個方面進行判斷分析。要對色彩有更進一步的了解，色彩三要素就不可不知。

🔵 色相（Hue）

是指各種色彩，也就是區別色彩的差異度而給予的名稱，也就是我們經常說的紅、橙、黃、綠、藍、紫等色。另外，顏色還分為「有彩色」與「無彩色」，像黑、白、灰這種沒有顏色的色彩，就稱為「無彩色」，其他有顏色的色彩，則都是「有彩色」。

對於電腦繪圖或數位影像處理的初學者來說，色彩的使用是相當重要的入門磚。在日常生活中，我們每天所看到的任何景物都有它的色彩，當我們看到某一個色彩時，通常都會對它產生某個印象，這是因為藉由我們所看到的具體實物而產生的聯想。如下表所列便是每一種色相所帶給人們的感情印象：

色相	紅	橙	黃	綠	藍	紫	黑	白	灰
具體象徵	火焰 太陽 血液 玫瑰	橘子 果汁 夕陽	月亮 香蕉 黃金 向日葵	樹葉 草木 西瓜 原野	海洋 藍天 遠山 湖海	葡萄 茄子 紫菜	夜晚 木炭 墨汁 頭髮	雪 白紙 護士 新娘	病人 噩夢 憂鬱 水泥 煙霧
抽象象徵	危險 熱情 炎熱 活力 興奮	快樂 溫暖 鮮明 甜美	明亮 希望 輕盈 酸味	活力 和平 理想 健康 安全	清涼 冷靜 自由 開朗 安靜	高貴 權威 病態 華麗 神秘	穩重 深沉 悲哀 恐怖 嚴肅	天真 純潔 樸素 正確 寒冷	曖昧 憂鬱 無力

除了透過具象實體讓人對色彩產生聯想外，每個年齡層或個體也對色彩有不同的喜好。例如，文靜不善交際的人通常會偏好藍色系；活潑好動、個性開朗的人則喜歡較明亮的色彩。各位也可以將這些色彩的象徵意義應用於各種標誌設計或海報競賽的作品上，以這些色彩說明所要表達的創作意念，將會使多媒體作品的說服力更強。

明度（Brightness）

明度是指色彩的明暗程度，例如：紅色可分為暗紅色、紅色及淡紅色，越暗的紅色明度越低，越淡的紅色明度越高；因此每個色相都可以區分出一系列的明暗程度。顏色之間也有明暗度的不同，其中以黑色的明度最低，白色的明度最高。運用色彩時，必須特別注意明度的變化與協調，如果覺得明度差不易辨識時，可以將眼睛稍微瞇一下，辨識就變得容易些。

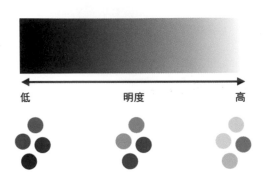

彩度（Saturation）

彩度是指色彩中純色的飽和度，亦可以說是區分色彩的鮮濁程度，飽和度愈高表示色彩愈鮮艷。當某個顏色中加入其他的色彩時，它的彩度就會降低。舉個例子來說，當紅色中加入白色時，顏色變成粉紅色，其明度會提高，但是紅色的純度降低，所以彩度變低。紅色中若加入黑色，它會變成暗紅色，明度變低彩度也變低。

0-3 ｜ 色彩模式

色彩模式主要是指電腦影像上的色彩構成方式，也可以用來顯示和列印影像的色彩。在 Photoshop 和 Illustrator 軟體中，主要用到的兩種模式為「RGB」與「CMYK」。以 Photoshop 為例，當各位在檢色器上挑選顏色時，就可以透過不同的色彩模式來挑選顏色。

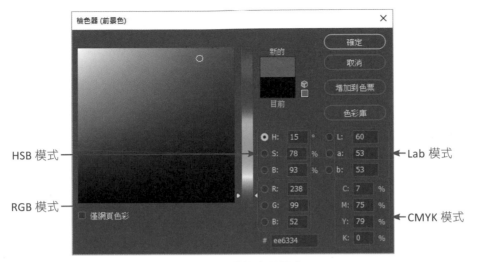

Photoshop 的檢色器視窗

標示於圖中：

HSB 模式、RGB 模式、Lab 模式、CMYK 模式

🔶 RGB 色彩模式

　　RGB 色彩模式是由紅（Red）、綠（Green）、藍（Blue）三個顏色所組合而成的，依其明度不同各劃分成 256 個灰階，而以 0 表示純黑，255 表示白色。由於三原色混合後顏色越趨近明亮，因此又稱為「加法混色」。善用 RGB 色彩模式，可讓設計者調配出一千六百萬種以上的色彩，對於表現全彩的畫面來説，已經相當足夠。

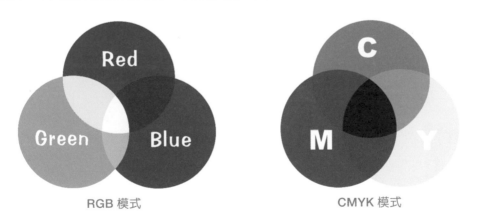

RGB 模式　　　　　　　　　　　CMYK 模式

🔶 CMYK 色彩模式

　　CMYK 色彩主要由青（Cyan）、洋紅（Magenta）、黃（Yellow）、黑（Black）四種色料所組成。通常印刷廠或印表機所印製的全彩圖像，就是由此四種顏色，依其油墨的百分比所調配而成，由於色料在混合後會越渾濁，因此又稱「減法混色」。

由於 CMYK 是印刷油墨，所以是用油墨濃度來表示，最濃是 100%，最淡則是 0%，一般的彩色噴墨印表機也是這四種墨水顏色。CMYK 模式所能呈現的顏色數量比 RGB 的色彩模式少。特別注意的是，在 RGB 模式中色光三原色越混合越明亮，而 CMYK 模式的色料三原色越混合越混濁，這是兩者之間的主要差別。

● HSB 與 Lab 色彩模式

除了 RGB 及 CMYK 兩種主要的色彩模式外，HSB 模式可看成是 RGB 及 CMYK 的一種組合模式，其中 HSB 模式是指人眼對色彩的觀察來定義。在此模式中，所有的顏色都用 H（色相,Hue）、S（飽和度,Saturation）及 B（亮度,Brightness）來代表，在螢幕上顯示色彩時會有較逼真的效果。

Lab 色彩是 Photoshop 轉換色彩模式時的中介色彩模型，它是由亮度（Lightness）及 a（綠色演變到紅色）和 b（藍色演變到黃色）所組成，可用來處理 Photo CD 的影像。

0-4 ｜影像色彩類型

所謂的「色彩深度」通常以「位元」來表示，位元是電腦資料的最小計算單位，位元數的增加就表示所組合出來的可能性就越多，影像所能夠具有的色彩數目越多，相對地影像的漸層效果就越柔順。像是 8 位元、16 位元、24 位元等，就是代表影像中所能具有的最大色彩數目。位元數目越高，代表影像所能夠具有的色彩數目越多，相對地，影像的漸層效果就越柔順。如下圖所示：

色彩深度	1 位元	2 位元	4 位元	8 位元	16 位元	24 位元
色彩數目	2 色	4 色	16 色	256 色	65536 色（高彩）	16777216 色（全彩）

一般常見的數位影像中，主要區分成以下六種影像色彩類型。

黑白模式

　　在黑白色彩模式中，只有黑色與白色。每個像素用一個位元來表示。這種模式的圖檔容量小，影像比較單純。但無法表現複雜多階的影像顏色，不過可以製作黑白的線稿（Line Art），或是只有二階（2 位元）的高反差影像。

黑白影像

灰階模式

　　每個像素用 8 個位元來表示，亮度值範圍為 0-255，0 表示黑色、255 表示白色，共有 256 個不同層次深淺的灰色變化，也稱為 256 灰階。可以製作灰階相片與 Alpha 色板。

灰階影像與彩色影像

16 色模式

　　每個像素用 4 位元來表示，共可表示 16 種顏色，為最簡單的色彩模式，如果把某些圖片以此方式儲存，會有某些顏色無法顯示。

256 色模式

每個像素用 8 位元來表示，共可表示 256 種顏色，已經可以把一般的影像效果表達的相當逼真。

高彩模式

每個像素用 16 位元來表示，其中紅色佔 5 位元，藍色佔 5 位元，綠色佔 6 位元，共可表示 65536 種顏色。早期製作多媒體產品時，多半會採用 16 位元的高彩模式，但如果資料量過多，礙於儲存空間的限制，或是想加快資料的讀取速度，就會考慮以 8 位元（256 色）來呈現畫面。

全彩模式

每個像素用 24 位元來表示，其中紅色佔 8 位元，藍色佔 8 位元，綠色佔 8 位元，共可表示 16,777,216 種顏色。全彩模式在色彩的表現上非常的豐富完整，不過使用全彩模式及 256 色模式，光是檔案資料量的大小就差了三倍之多。

0-5 │ 影像尺寸與解析度

通常影響畫面品質的主要因素有兩個，一個是「影像大小」，另一個是「解析度高低」。「影像大小」是指影像畫面的寬度與高度，「解析度」則是決定點陣圖影像品質與密度的重要因素，每一英吋內的像素粒子的密度越高，表示解析度越高，所以影像會越細緻，二者之間有著密不可分的關係。

在啟動 Photoshop 程式並按下「新建」鈕後，各位可以直接在上方的標籤中選擇「相片」、「列印」、「線條圖和插圖」、「網頁」、「行動裝置」、「影片和視訊」等各種空白文件的預設尺寸，點選所要的文件類型，Photoshop 會自動幫各位設定好適合的解析度。如下圖所示，「列印」類型的文件解析度為「300 像素 / 英吋」；若選擇網頁、行動裝置、影片和視訊等類型的文件，則會自動將解析度設為「72 像素 / 英吋」。

❶ 由此選定文件的類型　　　　　　❷ 再由下方選擇預設的文件尺寸

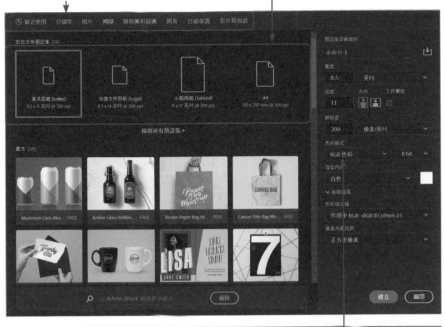

Photoshop 色彩模式的預設值為「RGB 色彩」，這是因為「濾鏡」必須在 RGB 模式下才能使用，等畫面製作完成再轉換為 CMYK 模式

　　如果各位啟動的是 Illustrator 程式，可直接在「快速開始新檔案」的區塊中選擇檔案類型，裡面提供 A4、明信片、一般、iPhone、HDV/HDTV 等常用規格。如下圖示：

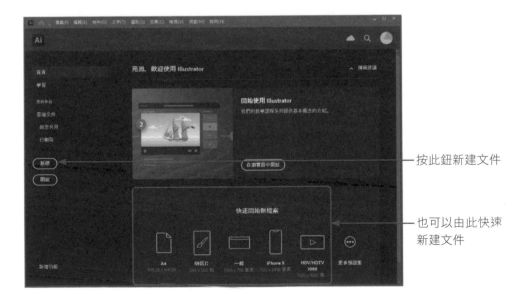

按此鈕新建文件

也可以由此快速新建文件

若於視窗左側按下「新建」鈕或是執行「檔案 / 新增」指令，也能在如下視窗中選擇建立「行動裝置」、「網頁」、「列印」、「影片和視訊」、「線條圖和插圖」等類型的文件，選擇文件類型後，Illustrator 會自動幫各位設定好色彩模式和解析度。

列印的色彩模式會自動設為「CMYK 色彩」，影像特效為「300 ppi」

0-6 ｜ 影像壓縮處理

　　當影像處理完畢準備存檔時，通常會針對個別的需求選取合適的圖檔格式。由於影像檔案的容量都十分龐大，尤其在目前網路如此發達的時代，經常會事先經過壓縮處理，再加以傳輸或儲存。「影像壓縮」是根據原始影像資料與某些演算法來產生另外一組資料，方式可區分為「破壞性壓縮」與「非破壞性壓縮」兩種。

■ 破壞性壓縮

　　「破壞性壓縮」與「非破壞性壓縮」二者的主要差距在於壓縮前的影像與還原後結果是否有失真現像，「破壞性壓縮」的壓縮比率大，容易產生失真的情形，例如：JPG 是屬於「破壞性壓縮」。

■ 非破壞性壓縮

「非破壞性壓縮」壓縮比率小，還原後不容易失真。像是 PCX、PNG、GIF、TIF 等格式是屬於「非破壞性壓縮」格式。

0-7 | 常用的圖檔格式

在使用或儲存圖檔時，為了保存編輯資料或是因為不同的需求，通常都會使用不同的檔案格式來儲存。這裡介紹印刷、多媒體或網頁方面常用的影像格式供各位參考：

PSD 格式

PSD 是 Photoshop 程式專有的檔案格式，能將 Photoshop 軟體中所有的相關資訊保存下來，包含圖層、特別色、Alpha 色版、校樣設定、或 ICC 描述檔等資訊。通常使用 Photoshop 編輯合成影像時都會儲存此格式，以利將來圖檔的編修。目前 Adobe 家族的相關軟體也都支援此格式，像是去背景的圖形，只要直接儲存成 PSD 的格式，就可置入到 Adobe 相關的應用程式之中，讓編輯的過程變得更簡化而便利。你也可以在 Illustrator 軟體裡利用「檔案 / 置入」指令來置入 PSD 格式，而 Illustrator 中所編輯的檔案則可利用「檔案 / 轉存」指令轉存成 PSD 格式，不同格式之間的互用與轉存，這對設計師來説相當方便。

AI 格式

AI 是 Adobe Illustrator 軟體所專屬的向量格式，在 Illustrator 軟體中將文件儲存為 AI 格式時，可以記錄所有工作區內的文件和圖層，對於利用軟體功能所繪製的造型圖案，在下回開啟檔案時還可以繼續利用該功能來編輯或修改。同樣地，InDesign 排版軟體也是 Adobe 家族，所以也可以輕鬆將 Illustrator 繪製的物件匯入到 InDesign 排版文件中。它的好處在於 Illustrator 所設定的透明效果、外觀屬性、漸變等效果，都可以直接顯示在排版文件中。

TIFF 格式

TIFF 是一種點陣圖格式，副檔名為 .tif，為非破壞性壓縮模式，幾乎所有的影像繪圖軟體或排版軟體都支援它。通常書刊之類的印刷品，都會將影像轉換成 CMYK 模式，再選用 TIFF 格式作儲存。由於它可以儲存 Alpha 色版，也可以儲存剪裁的路徑，讓圖形進行去背的處理，使版面編排更有彈性和美感，而且可以作為不同平台之間的傳輸交換，所以印刷排版時都會選用 TIFF 格式。

JPEG 格式

JPEG 是 Joint Photographic Experts Group 的縮寫，是由全球各地的影像處理專家所建立的靜態影像壓縮標準，可以將百萬色彩（24-bit color）壓縮成更有效率的影像圖檔，副檔名為 .jpg，由於是屬於破壞性壓縮的全彩影像格式，採用犧牲影像的品質來換得更大的壓縮空間，所以檔案容量比一般的圖檔格式來的小，因此適合在網路上作傳輸。選用 JPEG 格式時，選項視窗中可讓使用者自行設定壓縮的比例與品質，而檔案量的大小會因為所設定的品質高低而差距甚大。

含有較多漸層色調的影像，適合選用 JPEG 格式

PNG格式

PNG 格式是較晚開發的一種網頁影像格式，屬於一種非破壞性的影像壓縮格式，壓縮後的檔案量會比 JPG 來的大，但它具有全彩顏色的特點，能支援交錯圖的效果，又可製作透明背景的特性，且很多影像繪圖軟體和網頁設計軟體都支援，被使用率相當的高。

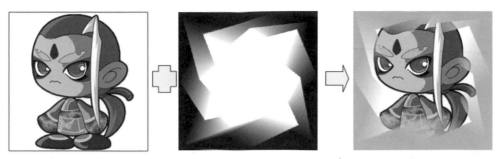

PNG 格式可以儲存具半透明效果的圖形

GIF 格式

　　GIF 圖檔是由 CompuServe Incroporated 公司發展的影像壓縮格式，目的是為了以最小的磁碟空間來儲存影像資料，以節省網路傳輸的時間。這種格式為無失真的壓縮方式，色彩只限於 256 色，副檔名為 .gif，支援透明背景圖與動畫。檔案本身有一個索引色的色盤來決定影像本身的顏色內容，適合卡通類小型圖片或色塊線條為主的手繪圖案。

簡單的色塊、線條最適合使用 GIF 格式，可降低檔案尺寸

GIF 圖檔也支援透明背景圖形，如果所設計的圖形想和網頁背景完美的結合，就可以考慮選用 GIF 格式，早期網際網路上最常被使用的點陣式影像壓縮格式就非他莫屬。

儲存 GIF 格式時，勾選「透明度」選項，可以與其他網頁背景完美結合

01

數位影像的
基礎編修技巧

Photoshop 是眾多設計師及藝術家心目中最好的影像處理軟體。除了超強的功能可加入文字效果、濾鏡特效、製作網頁動畫、動態按鈕、加入字體、向量圖案之外，即使拍攝技巧不純熟，導致影像出現模糊、偏色、曝光過度或不足等情形，都可以借重 Photoshop 來調整數位相片的缺失或進行修補，讓這些重要時刻的記錄有起死回生的機會，留下美好的記錄。

本章將針對 Photoshop 的視窗環境作簡要的介紹，同時介紹影像的基礎編修功能，讓各位除了能隨心所欲的調整影像大小，也能針對影像色彩的缺失進行調整，或是做修補的動作，甚至讓影像呈現特殊的效果。

1-1 | 操作環境與工具

對於新手來說，認識操作環境是進入學習殿堂的第一步，Photoshop 提供多種工作流程的增強功能，可以幫助使用者有效率地完成工作。執行「Adobe Photoshop 2021」指令會先看到如下的歡迎畫面。

「首頁」顯示你最近編輯過的以及以前的作品

「雲端文件」可建立雲端文件，同時提供共同作業和其他功能

「Lightroom 相片」可上傳相片至 Lightroom 資料庫

在視窗左側按下「新建」鈕新建檔案，或是按「開啟」鈕開啟舊有檔案會進入 Photoshop 的操作環境，介面如下。

功能表　　　　　　　　　　　　　　選項　　　浮動面板

工具箱　　　　　　　　工作區

　　特別注意「工作區」的功能，Photoshop 為了迎合不同工作屬性的設計者，特別提供不同工作區的切換，讓使用者可以針對個人需求選擇最適當的工作環境。於視窗右上角 下拉，即可點選基本功能、3D、動態、圖形和網頁、繪畫、攝影等工作區。

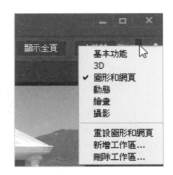

　　由於工具箱所顯示的工具會因為不同「工作區」而顯示不同的工具按鈕，加上 Photoshop 所提供的工具非常多，很多工具無法在工具箱上顯示出來，如果在某一工作區中，你有特別喜歡的工具沒有顯示在工具箱上，可按下「編輯工具列」 鈕來自行加入。

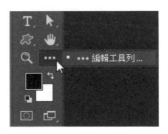

1-2 | 開啟數位影像檔

了解視窗環境和工具後，檔案的開啟與新增當然也要知道。現在就來看看開啟數位影像檔的各種方式。

開啟舊有檔案

要開啟舊有檔案請執行「檔案 / 開啟舊檔」指令，可在如下的視窗中選取檔案。

❶ 找到資料夾所在地

❷ 選取檔案　　　**❸ 按此鈕開啟檔案**

新增文件檔

「檔案 / 開新檔案」指令是開啟一個全新的檔案。通常在製作卡片、海報或介面設計時，都必須先根據目的與需求，先設定好尺寸大小與解析度，然後再將開啟的影像編輯到所設定的新檔案中，這樣設計出來的文件才不會因為尺寸不對而必須重新調整，造成畫面變模糊或解析度不夠的情況。開新檔案時所要設定的內容如下：

❶ 先選擇檔案類型

這裡有常用的文件大小可以快速選用

❷ 再由此設定寬高、方向和背景內容

　　設計畫面時必須根據用途決定影像尺寸與解析度；通常用於印刷設計時，必須將解析度設於 200-300 像素 / 英寸（Pixels/Inch），如果是做網頁編排或多媒體介面設計，則設定為螢幕解析度，也就是 96 或 72 像素 / 英寸。「新增文件」視窗中已經為各位加以分類，所以只要依據用途選擇相片、列印、網頁、行動裝置、影片視訊等類型，再由右側的欄位中設定寬、高等資料，就可以建立檔案。

　　在色彩模式部份，雖然 Photoshop 有提供點陣圖、灰階、RGB 色彩、CMYK 色彩、Lab 色彩等五種模式，但是通常都會選用「RGB 色彩」模式，因為這樣才可以使用 Photoshop 的所有功能與特效，等最後完成時再將影像轉換為 CMYK 模式即可作列印輸出。

🔜 取得其他圖像資料

想要編輯影像，當然要先取得影像素材。數位相機是目前非常普及的數位產品，精緻小巧且攜帶方便，走到哪裡可以拍到哪裡。優點是將拍攝的影像存放在記憶卡中，拍攝後可以馬上預覽畫面效果，拍攝不理想可隨時刪除畫面並重新拍攝，而拍攝後只要利用 USB 傳輸線將數位裝置與電腦連接起來，開啟數位裝置的電源開關，它就自動變成一顆卸除式磁碟，可以直接將數位畫面拷貝到電腦中。

在 Photoshop 中可以利用「檔案 / 開啟舊檔」指令來開啟數位相機中的影像檔，也可以利用「檔案 / 讀入 / WIA 支援」指令，透過精靈的協助從 WIA 相容的相機中取得數位影像。現今世代由於智慧型手機不離身，使用智慧型手機來拍攝數位相片更是方便，只要利用電源線將手機與電腦連接起來，手機自動變成卸除式磁碟後，即可拷貝數位相片。假如要編輯的影像是沖洗出來的相片或書報中的圖案，也可以透過「檔案 / 讀入 / WIA 支援」指令以掃描器來進行掃描。

🔜 置入智慧型向量物件

工作區裡如果有開啟的文件，可使用「檔案 / 置入嵌入的物件」指令將向量格式檔案置入進來。置入的檔案透過八個控制點來放大 / 縮小尺寸或旋轉角度，確定位置再按下「Enter」鍵表示完成。而置入的向量圖形還保留原來向量格式的特點，因此在 Photoshop 編輯圖形時，雖經多次變形縮放也不會產生模糊現象。

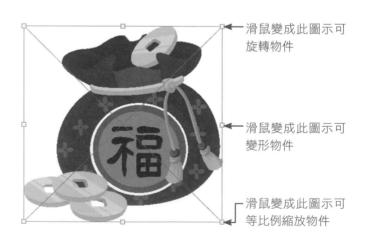

滑鼠變成此圖示可旋轉物件

滑鼠變成此圖示可變形物件

滑鼠變成此圖示可等比例縮放物件

1-3 | 檔案的儲存

在影像編輯的過程中，儲存檔案是必須經常做的事，千萬不要等到畫面完成時才想要儲存它，否則電腦當機或臨時停電時，辛苦的結果將會化為烏有。

🔘 儲存為 PSD 格式

在 Photoshop 裡編輯檔案，通常會儲存它的專有格式 -*.PSD，這樣才能保留所有的圖層與資料，方便將來的修改與再利用，之後再根據用途需求另存成其他的檔案格式。未曾命名的檔案執行「檔案 / 儲存檔案」或「檔案 / 另存新檔」指令後，會看到以下的視窗。

各位可以選擇將創作的文件自動儲存到 Adobe 的雲端，無論從何處登入 Phulushop 都能存取，而且將來還能使用它與其他人共用。如果選擇「儲存在您的電腦」的選項，會如下「另存新檔」的對話框讓您進行存檔。

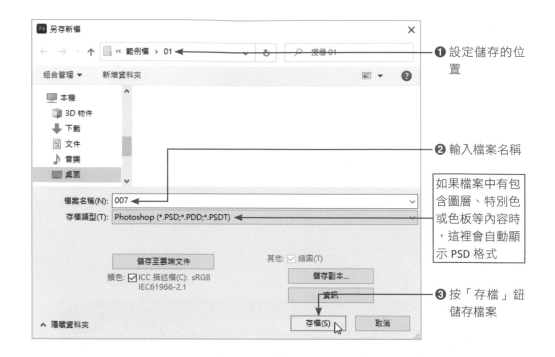

❶ 設定儲存的位置

❷ 輸入檔案名稱

如果檔案中有包含圖層、特別色或色板等內容時，這裡會自動顯示 PSD 格式

❸ 按「存檔」鈕儲存檔案

儲存成網頁用

　　除了 Photoshop 特有的「PSD」格式外，如果所編輯的影像是要應用在網頁上，執行「檔案 / 轉存 / 儲存為網頁用」指令，即可進入下圖視窗選擇儲存的格式。

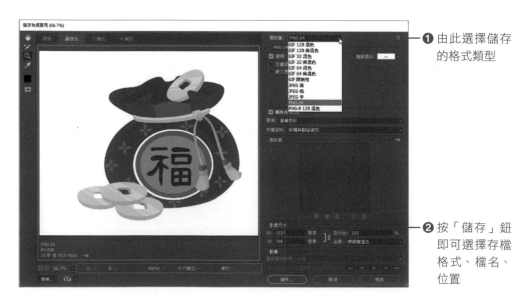

❶ 由此選擇儲存的格式類型

❷ 按「儲存」鈕即可選擇存檔格式、檔名、位置

1-4 | 影像尺寸隨我意

所拍攝的數位影像通常與要使用的尺寸不相符合，想要調整影像尺寸，請執行「影像 / 影像尺寸」指令便可進入如下的視窗。

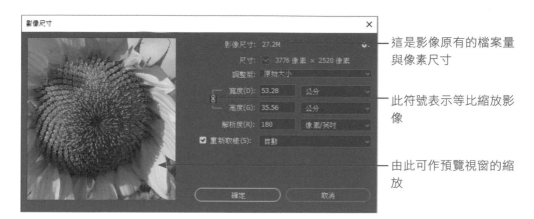

—— 這是影像原有的檔案量與像素尺寸

—— 此符號表示等比縮放影像

—— 由此可作預覽視窗的縮放

各位可直接從「調整至」的欄位下拉選擇常用的預設尺寸。目前提供的尺寸有三種類型：網頁 / 多媒體用途、印刷用途、相片用途。通常影像若要應用於多媒體介面或網頁設計上，可先設定「72」解析度，「單位」下拉選擇「像素」，再由「寬度」與「高度」上輸入介面的像素值。若是使用在印刷品上，解析度請設在「300」，「單位」下拉選擇「公分」或「公釐」，再由「寬度」與「高度」上輸入尺寸。

如果先取消「重新取樣」的勾選，那麼文件尺寸的寬、高、解析度會形成關連性，更改解析度為「300」時，可以在不變更「像素尺寸」的原則下來修正文件尺寸。

❶ 取消「重新取樣」的勾選

❷ 將原先「180」解析度更換為「300」時，影像尺寸不會變更，自動變更的只有寬度值和高度值

裁切工具

「裁切工具」 用來剪裁影像，只要在畫面上拖曳出要保留的區域，再從「選項」面板按下 ✓ 鈕或按下鍵盤上的「Enter」鍵，就可以裁切影像。如果要指定裁切的尺寸，請在「選項」上選擇好所要的寬 / 高比例，拖曳出來的區域就會維持所指定的大小。另外，它還提供好用的裁切參考線功能，可運用三等分定律、黃金比例、黃金螺旋形、三角形、對角線等版面來作為裁切的參考。

① 開啟「007.jpg」影像檔 點選「裁切工具」 ② 由此下拉可以選擇影像的比例

③ 這裡選擇裁切的參考線標準

④ 依照構圖的美感，以滑鼠拖曳可以調整影像主體與參考線的位置

依此技巧設定完之後，按滑鼠兩下或「Enter」鍵，即可完成裁切的動作。

調整版面尺寸

所開啟的影像檔，如果原尺寸不夠大，想將它擴大成為所要設計的稿件大小，可利用「影像 / 版面尺寸」來擴大範圍。擴大時利用錨點來決定擴大的方向及版面延伸的色彩。

■ 錨點設定在中央

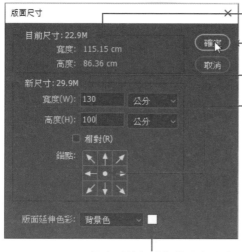

這是影像原來的尺寸

❹ 按「確定」鈕離開

❶ 輸入擴大的新尺寸

❷ 設定由中間往外擴大

❸ 設定延伸色彩為背景色白色

❺ 白色部分即為擴大版面後的結果 ▶

■ 錨點設定在右側

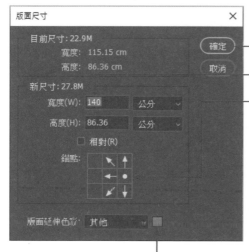

❹ 按下「確定」鈕離開

❷ 設定新的影像寬度

❶ 錨點改設在右側

❸ 改變設定延伸色彩為紫色

❺ 瞧！擴大的版面將顯示在左側 ▶

🔷 影像處理器

對於影像尺寸的調整，如果有大批的圖檔需要調整，或是想變更所有圖檔的格式為 *.psd 及 *.tif ，可以透過 Photoshop「指令碼」的「影像處理器」來做處理。只要先將需要轉換的圖檔，放置在特定的資料夾，執行「檔案 / 指令碼 / 影像處理器」指令進入如圖視窗，再依如下方法處理就可以了。

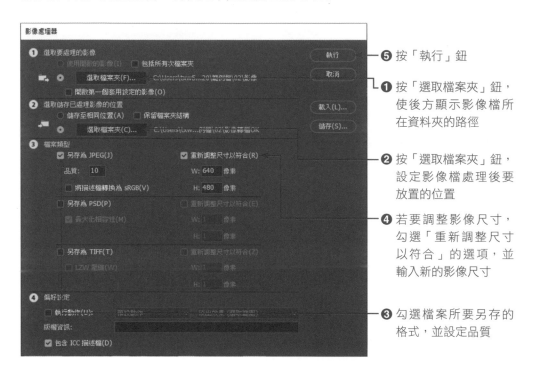

⑤ 按「執行」鈕

❶ 按「選取檔案夾」鈕，使後方顯示影像檔所在資料夾的路徑

❷ 按「選取檔案夾」鈕，設定影像檔處理後要放置的位置

④ 若要調整影像尺寸，勾選「重新調整尺寸以符合」的選項，並輸入新的影像尺寸

❸ 勾選檔案所要另存的格式，並設定品質

完成如上的設定後，Photoshop 會立即進行轉換的工作，稍待片刻就可以在原先的資料夾中，看到已轉換好的資料夾與檔案。

▌1-5 ┃ 色彩調整速成密技

利用數位相機和智慧型手機拍攝相片後，若因拍攝技巧的不夠熟練，讓影像會出現模糊、色偏、曝光過度或不足等情形，這時可借重 Photoshop 來做修補，讓數位照片呈現最佳的效果。

自動調整影像

假如沒有做過影像調整的經驗，不知如何開始做影像的色彩、對比或色調階層的調整，不妨利用 Photoshop 提供的自動功能來修正。由「影像」功能選單中選擇「自動色調」、「自動對比」、或「自動色彩」功能，不用作任何的選項設定，就能完成調整的工作。

原影像

經自動色調、自動對比、自動色彩
修正後的結果

亮度 / 對比

「影像 / 調整 / 亮度 / 對比」功能只針對影像的反差與明暗度作調整。

當滑鈕往右時亮度或對比會增加，往左時則降低，如左下圖所示，將「對比」值調大，畫面效果變得更鮮明。

原影像 對比調到 +76 的效果

色階

要判斷影像是否需要調整，可以先觀看一下影像的色調分佈情形，執行「視窗 / 色階分佈圖」指令可以開啟「色階分佈圖」的面板。

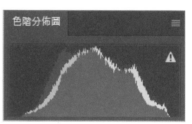

透過色階分佈圖，可以清楚了解影像的 RGB 色彩分佈狀況。以上圖所示，分佈圖呈現中高而左右低的山形，表示大部份像素是集中在中間色調的位置，因此可以斷定影像的曝光正常。反觀下圖的商店街景，暗部與亮部的像素多於中間色調，表示影像的明暗對比較大。

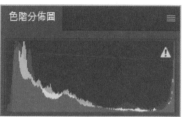

想要調整影像的色階，執行「影像 / 調整 / 色階」指令，將會顯現下圖的視窗。

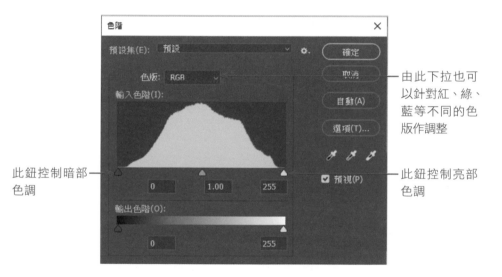

要調整影像的明暗對比，只要將亮部的滑動鈕往左拖曳，就會增加影像的亮度，如果將暗部的滑動鈕往右拖曳，影像的色調就會變暗。

● 曲線

「曲線」功能可以調整影像的明暗與色調。執行「影像 / 調整 / 曲線」指令，進入如下視窗時，會看到筆直的對角線，拖曳該線條就會自動增加節點，並形成曲線型態。

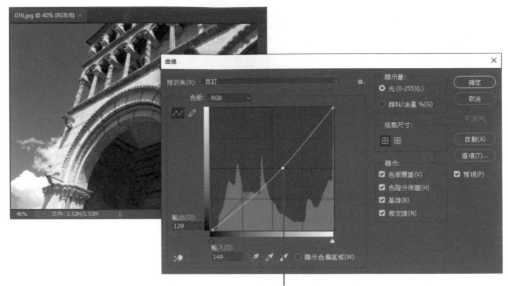

拖曳線條時，會自動增加節點

⭑ 曝光度

「影像 / 調整 / 曝光度」是透過曝光度、偏移量、及 Gamma 校正等方式來調整影像色彩。使用者可以透過滑鈕來控制，也可以透過視窗右側的滴管到影像上設定最亮或最暗的區域。

❶ 點選此滴管鈕

❷ 設定亮點位置

增加曝光度，可讓明暗對比變大

自然飽和度

如果發現影像的色彩飽和度不夠時，可以考慮使用「影像 / 調整 / 自然飽和度」的功能來讓色彩更鮮明自然。

如下圖所示，如果希望綠葉更翠綠，粉紅花色彩更紅，試著使用「影像 / 調整 / 自然飽和度」來作調整。

原影像

自然飽和度調至 +47，飽和度 +45 的效果

色相 / 飽和度

「影像 / 調整 / 色相 / 飽和度」可針對整個影像，或紅、黃、綠、青、藍、洋紅等色彩，做色相、飽和度、明暗度等色彩的調整。利用這項功能可以將影像中的某個色彩更換成其他顏色。以下圖的汽車為例，想更換汽車的色調，可以先選定車子的區域範圍，從「編輯」中選定藍色，再調整色相的滑鈕，很快就可以更換車子顏色。

❶ 以選取工具選定車子的區域範圍，執行「影像 / 調整 / 色相 / 飽和度」指令使進入下圖視窗

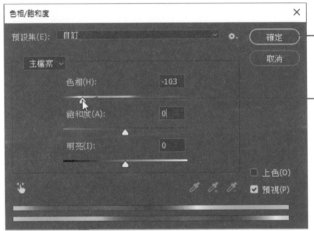

❸ 按「確定」鈕

❷ 由色相調整出新的色相

❹ 車子由原先的藍色改變成綠色

● 色彩平衡

「影像 / 調整 / 色彩平衡」主要是針對色彩和色調做平衡的調整。

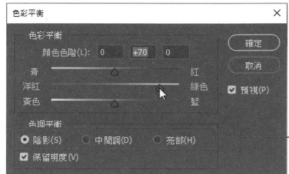

這裡可以選擇針對陰影、
中間調、或亮部做調整

以左下圖為例，如果希望綠葉能更翠綠，只要在影像的「陰影」加入更多的「綠色」，就能顯現右下圖的色彩效果。

原影像

陰影加入更多的綠色

● 均勻分配

「影像 / 調整 / 均勻分配」是將影像中最亮與最暗之間做平均值的轉換，轉換後，從色階分佈圖裡可以明顯看到色階的差異。

原影像 均勻分配色階

色版混合器

　　「影像 / 調整 / 色版混合器」指令除了提供在現有的色版與輸出色版之間做色彩調整外，運用多種的預設集，更可以輕鬆進行黑白的轉換。使用時，只要分別點選紅、綠、藍色版，再調整下方的顏色強度，就能產生特別的色調，若要形成黑白效果，則請勾選「單色」。

透過輸出色版可以調整紅色的比重，讓建築物的紅磚更鮮明

🔵 調整陰影 / 亮部

　　「影像 / 調整 / 陰影 / 亮部」可針對陰影、亮部、中間調對比做細部的調整。
如果室內因光線明暗差距大而形成曝光不足，畫面過暗的情形，此時即可使用此
功能作調整。

由此調整陰影總量後，
可讓室內明亮些

勾選此項會顯示所有選項

1-6 | 影像修復技巧

　　拍攝的數位影像，有時因為一時疏忽而將多餘的景物拍攝進去，或是人美花
嬌，但美中不足的是主角臉上有一顆大痘痘……諸如此類的影像問題都可以利用
仿製工具來修飾。除了使用仿製功能來做大範圍的修復外，還有一些不錯的工具
可以用來修補小範圍的瑕疵，諸如：臉上的痘痘、紅眼現象，或是作為增強效果
的處理。現在就來看看這些工具的使用方法。

🔵 修復筆刷工具

　　修復筆刷工具 [圖] 是修復臉上瑕疵的好用工具，臉上有痘痘、斑點、鬍鬚、疤
痕、黑痣等，都可利用這項工具來修復。修復人像時通常是以「取樣」做為來源，使
用時先按「Alt」鍵設定影像來源錨點，再到要修復的地方進行修復即可。

❶ 選此工具

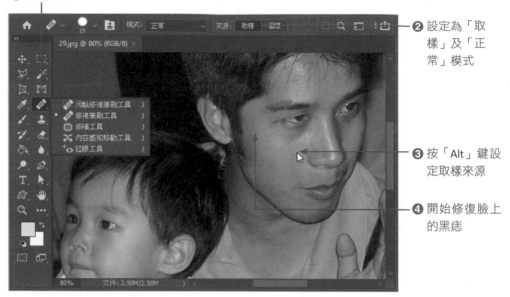

❷ 設定為「取樣」及「正常」模式

❸ 按「Alt」鍵設定取樣來源

❹ 開始修復臉上的黑痣

🔸 修補工具

修補工具 ⬛ 是修補臉上瑕疵的一項便利工具。基本上它的修補方式有兩種，一種是採「來源」方式，一種是「目的地」方式，兩種作法剛好相反。

■ 來源

先圈選要修補的位置，再將圈選區拖曳到無瑕疵的地方。

❶ 圈選有斑點的區域

❷ 拖曳到無瑕疵的皮膚處

❸ 斑點不見了

範例：027.jpg

■ 目的地

先圈選無瑕疵的皮膚，再拖曳到要修復的瑕疵處。

❶ 圈選膚色完好的地方

❷ 拖曳圈選區到有斑點的地方

❸ 斑點被修復了

汙點修復筆刷

污點修復筆刷工具 ![筆刷圖示] 在使用時，不需要先選取範圍或定義來源點，只要由選項上設定修復的混合模式，並配合類型做選擇，就可以在畫面上以按滑鼠的方式，或是拖曳的方式將汙點加以修復。

❷ 設定選項內容

❶ 選此工具

❸ 以滑鼠拖曳前額掉下來的頭髮區域

❹ 前額修復完成

🔸 紅眼工具

紅眼工具主要在消除因閃光燈直接照射眼睛所產生的紅眼現象，只要在紅眼區域按一下滑鼠或拖曳出該區域範圍，就可以馬上消除。

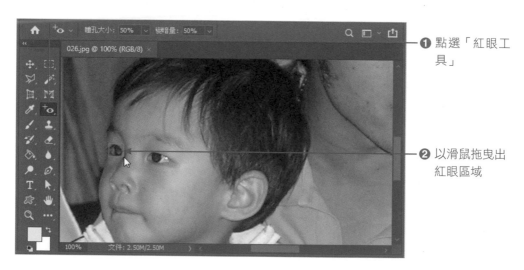

❶ 點選「紅眼工具」

❷ 以滑鼠拖曳出紅眼區域

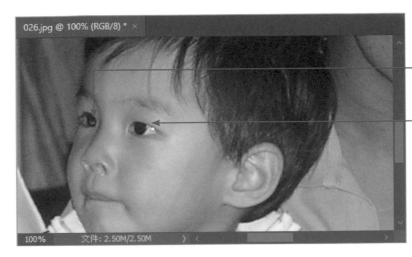

❸ 瞧！紅眼睛不見了

❹ 同上方式消除另一隻眼睛的紅眼狀況

● 仿製印章工具

　　「仿製印章工具」🔲用來修補影像，只要先設定仿製的起始位置，由選項上選擇適當的筆刷，就可以將所設定的影像仿製到指定的位置上。如下範例，漂亮的草坪上多出了礙眼的警告牌示，現在就利用「仿製印章工具」來將它去除，使畫面能顯示完美的效果。

❸ 取消「對齊」選項的勾選

❷ 選定筆刷大小

❹ 加按「Alt」鍵先設定仿製起始點

❶ 點選「仿製印章工具」

⑤ 到需要修補的
地方開始修補
影像

⑥ 要重設仿製起
點時，請加按
「Alt」重設

⑦ 畫面修補完後
，看起來便完
整了

1-7 影像效果的強化

拍攝的影像如果質感不夠明顯，諸如：粗糙的材質不夠粗糙，細緻的地方不夠
細緻，亮點的地方不夠光亮等，這些都可以利用 Photoshop 所提供的修飾工具和色
調調整工具來加以強化。

修飾工具

Photoshop 的修飾工具包括模糊工具、銳利化工具、指尖工具三種。

選定工具後，先由「選項」上調整筆刷樣式與大小，根據畫面需求，設定適合的模式，即可在影像上做局部的修飾。如下圖所示，透過銳利化工具的變亮、變暗模式來強化樹幹的明暗對比，利用模糊工具將左後方的花變得更深遠，而右上角的雜草則用指尖工具塗抹，修飾過後的影像，主題就更鮮明搶眼。

❸ 選擇適當模式

❷ 設定筆刷大小

❶ 選定工具

❹ 開始修飾影像

❺ 修飾後的主題更搶眼，對比更鮮明

色調調整工具

Photoshop 的色調調整工具包括了加亮工具、加深工具、海綿工具三種。在 2021 版本中，這三項工具在「圖形和網頁」的工作區中並沒有顯現出來，不過可利用「編輯工具列」的方式將它加入。如右圖所示：

選定工具後，先由「選項」面板調整適當的筆刷大小，設定要做色調調整的範圍或模式，就能直接在影像上塗抹修改了。

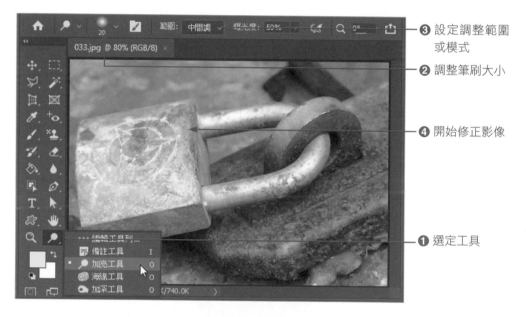

❸ 設定調整範圍或模式

❷ 調整筆刷大小

❹ 開始修正影像

❶ 選定工具

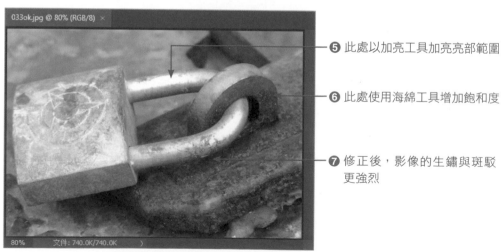

❺ 此處以加亮工具加亮亮部範圍

❻ 此處使用海綿工具增加飽和度

❼ 修正後，影像的生鏽與斑駁更強烈

按此鈕加入工具

1-28

顏色取代工具

「顏色取代工具」  主要還是透過筆刷和模式的設定,來將影像中的色彩更換成所指定的顏色。透過這項工具,要為人像更改膚色、刷入腮紅、眼影等,都是易如反掌。

1 選定工具

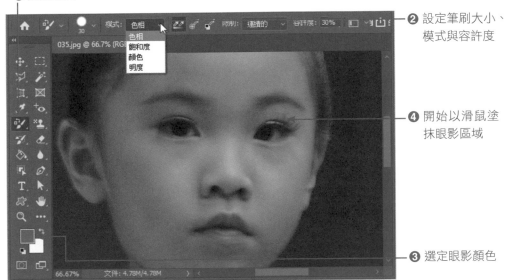

2 設定筆刷大小、模式與容許度

4 開始以滑鼠塗抹眼影區域

3 選定眼影顏色

5 瞧!顯現紫色調的眼影效果

MEMO.

不藏私的
影像選取技巧

要用繪圖軟體來從事設計，首先要先指定區域範圍，然後再執行軟體所提供的功能特效，這樣才能依照設計者的想法來完成畫面效果。因此要讓電腦知道哪些範圍需要做效果，就必須先學會使用選取工具來圈選區域。

2-1 | 選取工具使用技巧

Photoshop 提供的選取工具相當多,除了圓形和矩形等基本形狀的選取外,想要選取不規則造型,則可利用套索、多邊形套索、磁性套索、魔術棒、快速選取等工具。每個工具各有它的特點,不過使用技巧都差不多。

🔵 選取區的增減

一般常用的選取工具包括矩形選取畫面工具 ▣、橢圓選取畫面工具 ◯、套索工具 ◯、多邊形套索工具 ❤、磁性套索工具 ❤、魔術棒工具 ✦,以及快速選取工具 ✦。預設都是提供新增選取區域,可配合「選項」列來做增加、減去或相交設定,甚至做柔化處理,讓需要做效果的區域可以達到設計者的要求。

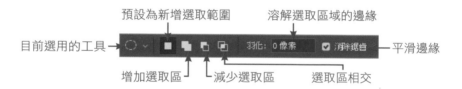

不管任何選取工具都可以相互運用,只要將它設在「增加」、「減少」或「相交」模式,就可以將它組成新的選取區域。另外,大多數的,選取工具都可以做「羽化」設定,兩張影像可以很自然地接合在一起,而不會覺得奇怪。如下圖所示,各位可以比較看看不同柔邊值所產生的效果。

羽化值 0   羽化值 20   羽化值 50

矩形選取畫面工具

「矩形選取畫面工具」 ，可選取長方形或正方形，配合選項所提供的樣式，可做精確選取。

模式	說明
正常	直接拖曳滑鼠可選取長方形，而加按「Shift」鍵可選取正方形。
固定比例	根據需求輸入寬度與高度的比值，這樣在畫面上所拖曳出來的區域，就會以此比例做縮放。
固定尺寸	能精確的選取到所固定的寬度與高度。

橢圓選取畫面工具

「橢圓選取工具」 ，可以選取圓形或橢圓型的區域範圍，不過它多了「消除鋸齒」的選項。

勾選「消除鋸齒」可以讓選取邊緣與背景做完美的融合，通常在設計版面時都會勾選它；但如果要製作去背景的插圖時，建議將此項取消，這樣在儲存檔案後，才不會在影像邊緣殘留下白色的殘影。

取消「消除鋸齒」的勾選

勾選「消除鋸齒」選項

🔵 套索工具

使用「套索工具」 🔾 必須按著滑鼠不放，並沿著影像的邊緣描繪，直到原點處才放開滑鼠；如果中途放開滑鼠，就代表選取動作已經結束。由於使用套索工具不易做精確的選取，通常運用在不需要特別在意影像輪廓線的影像上。

原影像

配合羽化值設定，即使未做精確的
輪廓描繪，也能產生不錯的效果

🔵 多邊形套索工具

「多邊形套索工具」 🔾 是以滑鼠逐一點選的方式來圈選範圍，所按下的每一個點會以直線的方式連接，因此適合作星星、窗戶、大樓等幾何造型的圈選。

❶ 選取「多邊形套索工具」

❷ 依序在轉角處以滑鼠點選，即可產生選取區域

🔹 磁性套索工具

「磁性套索工具」 🔗 就像吸鐵一樣，藉由色彩之間的反差，而快速找到輪廓線的位置。因此在按下左鍵開始描繪輪廓時，它會自動依附在輪廓線上，如果因色彩關係偏離輪廓，才需要按下左鍵為它確定，接著依序順著輪廓線移動滑鼠，直到起點處按下左鍵表示結束。

❶ 點選「磁性套索工具」

❸ 唯有磁性套索工具偏離輪廓線時，再按一下滑鼠左鍵確定

❷ 按左鍵先設定起始點

❺ 完成時，輪廓線若有不精確的地方，可再利用增加、減少等模式加以調修正

❹ 依序沿著輪廓線繞行，使建立圈選範圍

2-5

魔術棒工具

當背景或主體的色調較單純或接近時，利用「魔術棒工具」 ![魔術棒] 作選取是最快速不過。例如要選取如圖的建築物，透過魔術棒工具與其容許度的設定來快速選取背景，再將選取區反轉即可。

❶ 點選「魔術棒工具」   **❷ 將容許度設在「40」**

❸ 以滑鼠左鍵按一下天空，瞧！馬上就能將背景快速選取

在容許度方面，數值設得越高，選取的範圍就會越大。如果未勾選「連續的」，則選取背景時，建築物中若有藍色調的區域也會一併被選取。

快速選取工具

「快速選取工具」 ![快速選取] 能在彈指間快速選取範圍，使用者只要在影像上畫出大致的範圍，就能瞬間完成範圍的選取。

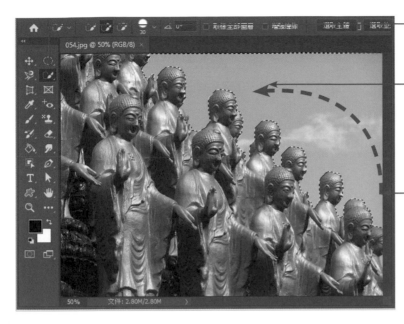

❶ 點選「快速選取工具」

❸ 沿著紅線拖曳滑鼠到此處後放開，即可選取天空

❷ 由此點按下滑鼠左鍵不放

2-2 | 選取範圍的調整與加值編輯

在選取影像範圍時，「選取」功能表提供一些基礎與進階的選取指令。例如：「選取 / 全部」用以全選整張影像，「選取 / 反轉」會將選取區與未選取區顛倒過來；而「選取 / 取消選取」是取消選取狀態，這些都是經常會用到的指令。而此處將針對一些進階的選取區指令做介紹，學會各種選取技巧，目的就是將影像複製或移動到期望的位置，關於這部分我們也一併作說明。

🔘 選取顏色範圍

「選取 / 顏色範圍」是以顏色當作選取的依據，如果選取的色彩散落在各個角落，不妨以此功能來做選取。執行該指令後，可先由下方的「選取範圍預視」下拉選擇預視的色彩，再到預視窗中按下滑鼠決定想要選取的顏色區域，拖曳「朦朧」的滑鈕即可觀看到效果。

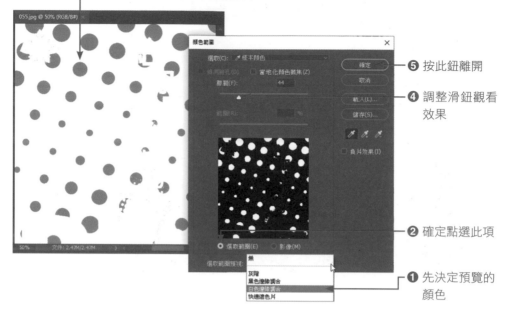

❸ 點選想要選取的顏色（目前選取圈圈部分）

❺ 按此鈕離開

❹ 調整滑鈕觀看效果

❷ 確定點選此項

❶ 先決定預覽的顏色

調整選取範圍邊緣

「選取 / 選取並遮住」指令和各位在「選項」中使用的 選取並遮住 ... 功能完全相同，只要利用套索工具 ◯ 大略地圈選影像輪廓，利用此功能就能快速做出唯美效果，各位不妨多加利用，不但省時且效果又好。

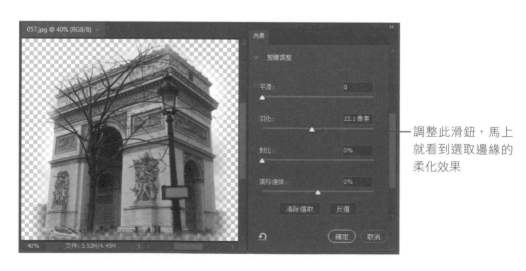

調整此滑鈕，馬上就看到選取邊緣的柔化效果

修改選取範圍

「選取 / 修改」指令中包括邊界、平滑、擴張、縮減、羽化等選項，可供各位修改選取區。

■ 邊界

想要強調畫中的主角，或是要做線框效果的文字，可在選取範圍後，利用「選取 / 修改 / 邊界」指令來達到。

❷ 利用「選取 / 修改 / 邊界」指令進入此視窗，設定邊界寬度

❸ 按下「確定」鈕

❶ 以選取工具選定範圍

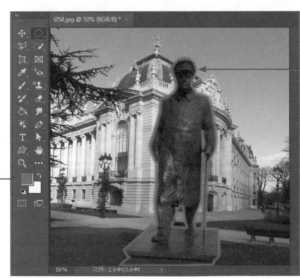

❺ 以「編輯 / 填滿」指令將框線填入橙色

❹ 前景色設為橙色

■ 平滑

平滑功能會將選取的區域修正為較圓滑且彎曲的形式。

以水平文字遮色片工具輸入文字

將平滑的取樣強度設為 20，文字
的尖角都不見了

■ 擴張

「擴張」用來擴張選取的區域，尤其是在圈選插圖時，如果因影像邊緣有使用羽化效果而無法完美圈選影像，就可以考慮利用此指令來做調整。

以魔術棒選取背景時，選取框
未落在影像之上

以「擴張」指令做修改，再做反轉，
就能完美取得影像

■ 縮減

縮減的用法與「擴張」雷同，以上圖為例，在使用魔術棒工具圈選背景後，先執行「反轉」使改選影像，再執行「縮減」指令，一樣可以得到相同的結果。

■ 羽化

此功能和選取影像前，由「選項」中預先設定「羽化」值是相同的，它可以使選取的邊緣產生柔化的效果。

● 儲存與載入選取範圍

好不容易所選取到的範圍，有可能會重複運用，這時候就可以考慮透過「選取/儲存選取範圍」指令將它儲存起來。儲存後需再度使用時，就執行「選取/載入選取範圍」指令將它載入。

❷ 執行「選取/儲存選取範圍」指令進入此視窗，輸入名稱

❸ 按此鈕確定離開

❶ 先圈選範圍

儲存選取範圍後，它會在「色版」中顯示所增設的圖形，如圖示：

移動工具

選取好範圍，想要移動選取區的位置，一定要選用「移動工具」 ✛ 。一般來說，選取區被移開後，原來的位置會以設定的背景色填入。

移開選取的影像，原區域將會顯現背景色

拷貝與貼上

影像被選取後，通常會執行「編輯 / 拷貝」指令先將它拷貝到剪貼簿中，然後開啟要編輯的版面，再執行「編輯 / 貼上」指令將它貼入。如果想將拷貝物貼入特定的選取區裡，則請使用「編輯 / 選擇性貼上 / 貼入範圍內」的指令。

❶ 全選影像後，執行「編輯 / 拷貝」指令

❷ 以選取工具設定要貼入的區域範圍

❹ 利用「移動工具」還可調整貼入影像的位置

❸ 執行「編輯 / 選擇性貼上 / 貼入範圍內」將顯現如圖

2-3 | 選取範圍的上彩藝術

　　各位在選取範圍後或是選定顏色後，接下來可以利用各種工具將期望的顏色填入指定的位置。選定好區域範圍，透過油漆桶、筆刷、鉛筆、漸層等工具，指定的顏色就可以填滿指定的範圍。

填滿色彩

使用油漆桶工具 可以快速將特定的顏色填滿整個畫面或選取區。

❶ 點選「油漆桶工具」

❷ 選定前景色

❸ 在選取範圍內按一下滑鼠左鍵

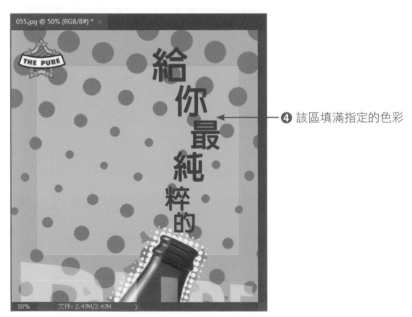

❹ 該區填滿指定的色彩

填滿漸層色彩

想在畫面上加入漸層色彩，必須選用「漸層工具」，才做得到。選項上提供如圖的五個按鈕，讓各位做出不同樣式的漸層變化。

編輯漸層色彩　線性漸層　角度漸層　菱形漸層

放射性漸層　反射漸層

選用某一漸層樣式後，首先要決定漸層起始點的位置，只要在起始點位置按下滑鼠不放，然後拖曳到漸層結束點上放開滑鼠，這樣就可以填滿漸層色彩。要注意的是，選擇同一種漸層樣式，設定的起始點與結束點位置不同時，出來的效果也完全不同，如下圖所示：

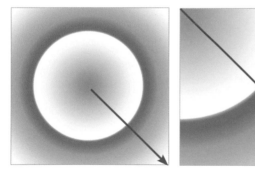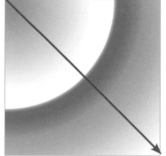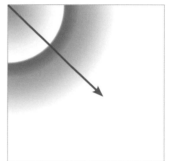

填滿圖樣

執行「編輯 / 填滿」指令可以將指定的色彩或圖樣填滿選取區域，甚至透過各種混合模式或透明度設定來與底色圖案做結合。如下實例，我們要將圖樣填滿選取區。

❶ 使用選取工具，
   先將牆壁選取起
   來

❷ 執行「編輯 / 填滿」指令進入此視窗

❻ 按下「確定」鈕離開

❸ 內容使用「圖樣」，並由「自訂圖樣」挑選圖樣縮圖

❹ 設定混合模式為「覆蓋」

❺ 設定透明度比例

❼ 牆壁的色調被更換了

筆畫色彩

有時候因畫面需求，只希望將選取的框線填入色彩，例如：文字的外框線或是做強調效果時，可利用「編輯 / 筆畫」指令來處理。於其選項中可以指定筆畫的粗細、色彩、位置、透明度、以及與底圖混合的模式。若能配合選取時的羽化值設定，變化就更多了。

❸ 由選項設定適合的字體大小

❷ 輸入所需的文字內容

❶ 選用「水平文字遮色片工具」

❹ 執行「編輯 / 筆畫」指令進入此視窗

❻ 按「確定」鈕離開

❺ 設定筆畫的寬度、顏色、位置及混合模式

❼ 選取區域以筆畫的方式呈現

2-4 | 選取範圍的去背與轉存

好不容易選取圖形後，可能要將圖形應用到網頁或其他多媒體用途上。此時就得把圖形作去背景處理，或是轉存成去背的格式，以方便做後續的處理。

➡ 為選取區去背景

選取圖形後可利用「圖層 / 新增 / 剪下的圖層」指令，將選取區變成獨立的一個圖層。

❶ 先以選取工具將圖形選取起來，再執行「圖層 / 新增 / 剪下的圖層」指令

2 瞧！選取區變成獨立的圖層

3 按此鈕可關閉背景圖層，只顯示已去背的花朵造型，而原選取區會以背景色填滿

儲存為 PSD 或 PNG 的去背格式

為了方便將來有可能再度編修影像，最好儲存為 *.psd 格式。請將原有的背景圖層拖曳到垃圾桶中，再執行「檔案 / 另存新檔」指令儲存去背格式即可。

3 執行「檔案 / 另存新檔」指令儲存至電腦

1 先點選「背景」圖層不放

2 將背景圖層拖曳到垃圾桶中，使之刪除

PSD 的去背格式並非所有的軟體都可支援，因此可以考慮儲存為網頁常用的 PNG 格式。

延續前面的範例，
執行「檔案 / 轉存
/快速轉存為 PNG」
指令

圖層編修與
進階應用

「圖層」在 Photoshop 中的功用，是將每個影像畫面以獨立的圖層放置，每個新影像都是一個圖層，而每個圖層可隨時編修而不會互相干擾，當檔案中有多個圖層時，對影像進行編輯只會影響到正在作用中圖層，我們可以針對圖層進行操作，組合出不同的效果，而整體看起來又是完整的畫面，因此學習影像合成，圖層觀念不可不知。

3-1 | 速學圖層編輯

　　圖層是 Photoshop 的基礎，善用圖層能讓你在創作時更方便，請執行「視窗 /
圖層」指令開啟「圖層」面板。通常開啟的數位影像，圖層面板只會顯示「背景」
圖層，由於是基底影像，因此是鎖定狀態，無法隨便移動。如果想將「背景」圖層
更改為一般圖層，可按滑鼠兩下於縮圖，於「新增圖層」的視窗中按下「確定」
鈕，這樣背景圖層就會變更為一般圖層。

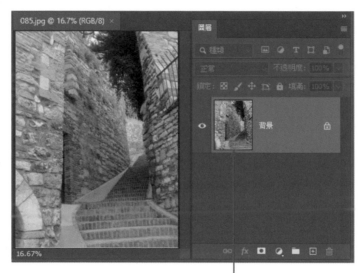

基底影像有鎖的圖示，表示此圖層無法移動

建立圖層

　　當各位使用文字工具建立文字圖層，或是使用複製、貼上指令將影像貼入，通
常會自動建立新圖層於「背景」圖層之上。如果直接按下面板下的「建立新圖層」
⊞ 鈕，可新增一個完全透明的圖層。

文字圖層會顯示 T 符號

拷貝進來的影像，其影像外會呈現透明

按此鈕可新增透明圖層

新增 / 剪下圖層

拍攝的數位影像如果要將影像背景去除，只要選取工具選取範圍後，利用「圖層 / 新增 / 剪下的圖層」指令，該選取區就會被剪下並成為獨立的圖層，屆時多餘的背景圖層就可以將它丟到垃圾桶中加以刪除。

❶ 使用各種選取工具選取男主角

❷ 執行「圖層 / 新增 / 剪下的圖層」指令，選取區就會變成獨立的圖層

⏩ 常用的圖層編修技巧

這裡我們將圖層常用的編修功能，簡要說明如下：

■ 調整圖層先後順序

圖層面板中的圖層都存放不同的物件，通常上面的圖層會壓住下面的圖層，如果想要調動圖層的先後順序，直接按住圖層拖曳到想放置的位置上再放開滑鼠，這樣就可以更換順序。

■ 更改圖層名稱

將選取影像貼入圖層後，每個圖層會自動以「圖層 1」、「圖層 2」……的順序依序命名，如果圖層很多且容易搞混時，不妨為圖層命名，以方便尋找。按滑鼠兩下在其名稱上，即可輸入新的圖層名稱。

■ 複製圖層

圖層中的影像如果需要重複應用，通常將選定的圖層直接拖曳到「建立新圖層」⊞ 鈕中，或是執行「圖層 / 複製圖層」指令，就可以完成複製動作。

■ 連結圖層

畫面中的圖層如果是相關聯的，希望它們能夠同時被作用，諸如：移動、縮放、合併、群組等，可先將圖層選取起來，然後按下 🔗 鈕就可以造成連結的關係。

圖層已顯示連結關係

按此鈕，圖層會形成連結關係

■ 群組圖層

　　有時候圖層中的物件很多，為了方便管理，可以將它們分門別類，以「圖層 /
群組圖層」指令即可加入資料夾，並自動將相關圖層放置在一起。

❶ 先將圖層選取起
來

❷ 執行「圖層 / 群
組圖層」指令

🔵 編輯圖層樣式

　　「圖層樣式」是 Photoshop 令人激賞的功能之一，透過這項功能可以輕鬆做到
陰影、光暈、浮雕、覆蓋、筆畫等效果，讓原本需要經過多道手續才能完成的畫
面，只要用滑鼠勾選及調整滑動鈕就能輕易做到。要使用「圖層樣式」的功能，
可直接在圖層浮動視窗下方按下 fx. 鈕，或是執行「圖層 / 圖層樣式」指令，就可
以從副選項中選擇想要運用的樣式。

按此鈕選擇圖層樣式

不管選擇哪個選項樣式，將會進入下圖的視窗。

打勾表示有選用此種樣式

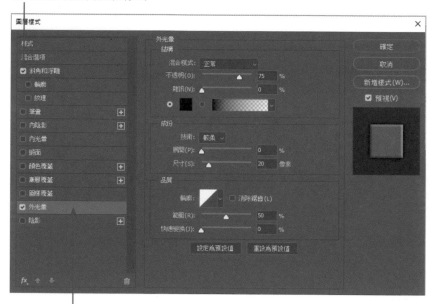

選取表示目前可設定該樣式

在同一圖層中可以同時套用多種樣式，只要將它打勾，然後點選該選項，就可以在右側設定相關屬性，而其最大好處是可以馬上從視窗後面預覽樣式效果，方便使用者隨時調整屬性，不喜歡的樣式只要將它取消勾選就行了。如下方所顯示的，就是各種樣式所提供的樣式效果：

斜角和浮雕

筆畫

內陰影

內光暈

緞面

顏色覆蓋

漸層覆蓋

圖樣覆蓋

外光暈

陰影

🔘 圖層混合模式

圖層混合模式位在「圖層」面板最上方，它包含了二十多種的變化，主要作用是讓作用的圖層與其下方的影像產生混合的效果。由於所產生的結果往往驚人，因此善用這些模式可以讓編輯的影像或圖案更出色。

由此下拉選擇圖層的混合模式

剛接觸混合模式的人往往要不斷的測試，才能找到最好的混合模式，因此在這兒大略說明各項模式的特性：

■ 正常

　　此為預設的混合模式，表示該圖層中的影像以正常狀態顯示。但可以配合「不透明」值的設定，來造成影像透明的效果。

正常
不透明：100

正常
不透明：60

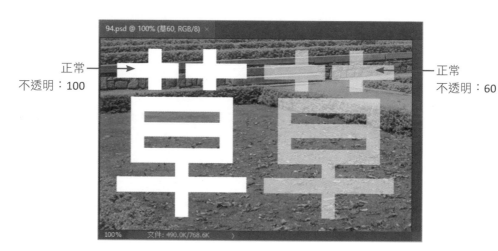

■ 溶解

　　當圖層有做羽化的效果時，選用「溶解」模式會造成顆粒效果，如果將「不透明」值降低，可造成雪花片片的效果。

原影像顯示效果

採用「溶解」模式，配合不透明度設定，會形成小點顆粒

■ 變暗、色彩增值、加深顏色、線性加深、顏色變暗

這五種模式主要讓較暗的色彩變得更暗，較亮的色彩會被忽略，而顯現背景層的影像。利用這種特性，黑白線稿的插畫圖案就容易製作，因為當您將黑白線稿掃描至 Photoshop 後，只要將模式更換為「變暗」、「色彩增值」或「線性加深」等模式，就可以直接在背景層上色彩，而線稿中的白色不會顯示出來。

將黑白線稿更換為「色彩增值」，不需要做去背的處理，背景層中的手繪圖形就可以顯示出來

■ 變亮、濾色、加亮顏色、線性加亮、顏色變亮

　　這五種模式主要對亮部地方有作用，對於夜景中的霓虹燈光或投射光芒等，可以快速取得它的效果。如圖的兩張影像，將夜景中的噴水池套上「變亮」的模式，五彩繽紛的水柱馬上就可以應用到雕像中，而不用作任何去背的處理。

兩張圖層混合變亮的效果

■ 覆蓋與柔光

　　此二模式可以將兩個圖層以較均勻的方式混在一起，因此為多數人所愛用的模式之一。如圖的兩張影像，在使用「覆蓋」的混合模式後，仍然可以清楚的辨識兩張的形體。

使用「覆蓋」混合模式的結果

■ 實光與小光源

「實光」的效果較「覆蓋」的效果反差大些，但如果同樣的兩張影像，您將背景層與上層的影像顛倒過來，就可以發現「實光」與「覆蓋」所呈現的效果是相同的。至於「小光源」的效果則與實光的效果相當雷同。

兩張影像的位置對換，實光與覆蓋所呈現的結果相同

實光效果的明暗反差較大

■ 強烈光源與線性光源

　　這兩種模式都有強烈加亮或加暗的作用，而強烈光源的效果又更為明顯。

■ 差異化與排除

　　這兩種模式所產生的畫面效果是較難以捉摸的，因為影像除了具有類似負片的效果外，兩個圖層混合之後的色彩也會產生變化互補的效果。二者比較起來，「差異性」的顏色較絢麗，而「排除」的色調就比較暗濁些。

■ **實色疊印混合**

　　「實色疊印混合」能做出像色調分離的效果，藉由底層影像的反差而在暗部顯示疊印的色彩。

■ 色相與顏色

　　此二模式主要在顯現顏色而忽略彩度與明度。就效果做比較，通常「顏色」混合後的色彩比「色相」所混合的色彩來的明亮些。

選擇「色相」混合模式只會顯示顏色，而會忽略彩度與明度

「顏色」混合的效果較明亮

■ 飽和度

　　飽和度與彩度有極大的關連，當混色圖層的彩度較高時，混色後就越鮮明。如下面的影像，在加上紫羅蘭、橘二色的漸層後，樹林色彩就顯得耀眼奪目了。

■ 明度

　　「明度」著重在明度的混合，它會將所在圖層的影像轉換成灰階效果，而下方的影像則是混入色相。

3-2 ｜ 填滿圖層與調整圖層

　　「新增填滿圖層」是 Photoshop 的相當好用功能之一，因為在做純色、漸層色、或圖樣的填滿時，它會自動變成一個獨立的圖層，而且還可以將指定的區域轉變成剪裁遮色片，所以填色時並不會動到原來的影像，修改畫面也變得很容易。

而「圖層／新增調整圖層」功能可針對亮度／對比、色階、曲線、曝光度、飽和度等，進行色相、明度、彩度的調整。它的作用和「影像／調整」功能相同，不同的是，「影像／調整」所作的色彩調整無法重新修正，而「圖層／新增調整圖層」功能會自動形成一個圖層；此圖層可與它的上一個圖層建立遮罩關係，同時所作調整可以隨時回去修改而不會影響到原有的畫面。善用「新增調整圖層」可以讓美術設計工作更有發揮的空間。

◑ 新增填滿圖層

執行「圖層／新增填滿圖層」指令時，可以由副選項裡選擇「純色」、「漸層」、「圖樣」三種填滿效果；不管選擇何者，都會先看到「新增圖層」的視窗。

有事先選取範圍，可勾選此項，使建立遮色片範圍

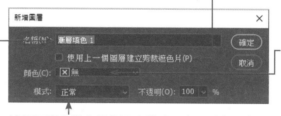

這裡會依據選擇純色、漸層、或圖樣而自動顯示名稱類別

設定圖層縮圖色彩，以方便圖層類別的辨別

這裡可事先設定影像混合模式，也可以在完成後由圖層面板上方做設定

在按下「確定」鈕後，就會依照所選定的填滿效果進入相關視窗做設定。

❶ 先以選取工具選取要加入漸層效果的區域，再執行「圖層／新增填滿圖層／漸層」指令

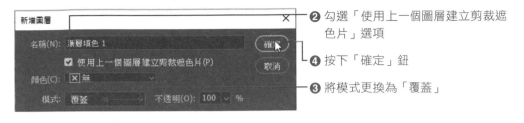

❷ 勾選「使用上一個圖層建立剪裁遮色片」選項

❹ 按下「確定」鈕

❸ 將模式更換為「覆蓋」

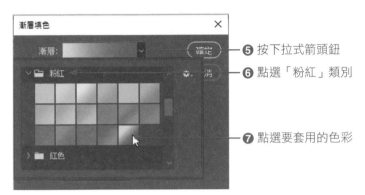

❺ 按下拉式箭頭鈕

❻ 點選「粉紅」類別

❼ 點選要套用的色彩

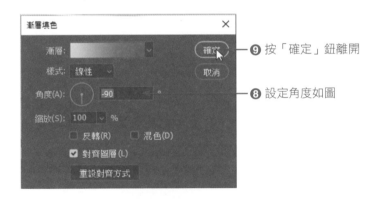

❾ 按「確定」鈕離開

❽ 設定角度如圖

❿ 顯示只有凱旋門加入漸層效果

編輯填滿圖層

加入填滿圖層的效果後，如果還想調整漸層色彩，按滑鼠兩下於  縮圖上，就能回到「漸層填色」的視窗中做修改。另外，按滑鼠右鍵於圖層上的遮色片，還可以關閉、啟動、或刪除圖層遮色片。

按滑鼠右鍵於圖層上的遮色片，所顯示的功能指令

■ 關閉圖層遮色片

暫時關閉遮色片的功能，並顯示紅色的大 X 於遮色片上。

■ 啟動圖層遮色片

將上圖中的紅色大 X 取消，使開啟圖層遮色片功能。

■ 刪除圖層遮色片

刪除圖層遮色片，色彩或漸層將填滿整個畫面，而圖層將顯示如下。

背景也加入填滿的效果

🔵 新增調整圖層

在下面的範例中我們將利用「圖層／新增調整圖層」功能，來對畫面裡的天空作色相／飽和度的調整。設定方式如下：

❶ 開啟影像檔

❷ 執行「圖層／新增調整圖層／色相／飽和度」指令

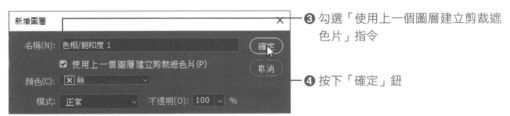

❸ 勾選「使用上一個圖層建立剪裁遮色片」指令

❹ 按下「確定」鈕

❺ 更改主檔案的色相

❻ 顯示在不影響原影像的
情況下,以獨立的圖層
調整色彩

修改調整圖層

當調整圖層建立之後,如果不滿意調整的色調,按滑鼠兩下於其縮圖上,可以
重新進入視窗調整影像。

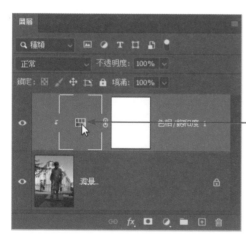

按滑鼠兩下於縮圖上,
即可顯示原編輯視窗

另外，在調整圖層中也可以再加入圖層遮色片，只要按右鍵於圖層的遮色片上，執行「增加圖層遮色片到選取範圍」指令，就能編輯遮色片的變化。

❶ 按右鍵於遮罩

❷ 執行「增加圖層遮色片到選取範圍」指令

❺ 瞧！調整前與調整後的影像色彩已結合在一起

❸ 點選遮罩的縮圖

❹ 選用「漸層工具」，設定為黑至白的漸層，至頁面上拖曳出漸層方向

MEMO.

04

文字的建立與應用

美術設計除了要有吸引人的影像與構圖外，文字也佔有舉足輕重的地位，如果文字處理不恰當，就無法吸引觀賞者的目光，因此我們要對文字工具好好做研究。

4-1 | 建立文字與文字圖層

Photoshop 的文字工具主要有四個：水平文字工具 T、垂直文字工具 ⅠT、水平文字遮色片工具 ⊤、垂直文字遮色片工具 ⅠT。透過這四種工具可做到以下幾種變化：

- 使用文字工具可輸入橫排或直排的標題或內文
- 透過遮色片工具可做出與底層影像相結合的特殊文字
- 利用字元面板可調整文字格式，段落面板可做文章段落的調整

對初學者來說，最常使用的是「水平文字工具」與「垂直文字工具」，因為它會自動轉換成文字圖層，建立後要變換格式、修改尺寸、或替換文字都非常的容易，若再結合圖層的各項功能，文字效果就更豐富。

至於「水平文字遮色片工具」與「垂直文字遮色片工具」所建立的文字將轉變成選取區，必須將選取區做儲存或載入才能靈活運用。選用「水平文字工具」與「垂直文字工具」所建立的文字都是文字圖層，透過此二工具可建立標題文字或段落文字，現在就來看看這兩種文字的建立方式。

● 建立標題文字

選取文字工具，至頁面上直接按下滑鼠左鍵就可以輸入標題文字。它會自動建立一個文字圖層，並以 T 圖示表示。

此符號表示文字圖層

這是文字輸入點

建立段落文字

選取文字工具後，至頁面上按下左鍵並拖曳出文字框，將可控制段落的最大寬度，文字輸入到右側邊界時，會自動排列到下一行。

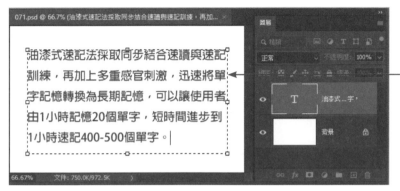

先拖曳出文字框的範圍，可決定段落文字放置的最大空間

4-2 | 設定文字屬性

利用文字工具建立文字圖層後，接下來是透過 Photoshop 所提供的面板來調整文字屬性，好讓文字呈現不同的風貌。

更改字元格式

標題文字如果需要更換字型、大小、色彩、對齊方式，可透過選項做選擇；如果要設定文字樣式、間距、垂直縮放、水平縮放等，則必須執行「視窗 / 字元」指令開啟字元面板做調整。

■ 選項設定

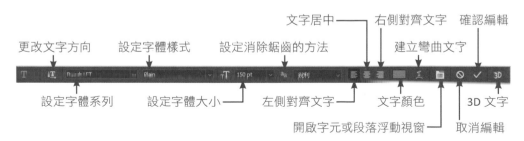

更改文字方向　設定字體樣式　設定消除鋸齒的方法　文字居中　右側對齊文字　確認編輯　建立彎曲文字

設定字體系列　設定字體大小　左側對齊文字　文字顏色　3D 文字
開啟字元或段落浮動視窗　取消編輯

■ 字元面板

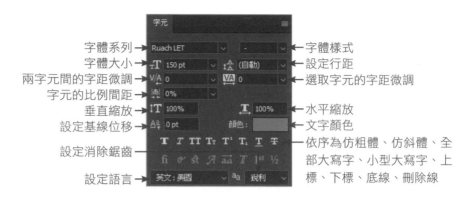

字體系列 → Ruach LET ｜ - ← 字體樣式
字體大小 → 150 pt ｜(自動) ← 設定行距
兩字元間的字距微調 → 0 ｜ 0 ← 選取字元的字距微調
字元的比例間距 → 0%
垂直縮放 → 100% ｜ 100% ← 水平縮放
設定基線位移 → 0 pt ｜顏色: ← 文字顏色
　　　　　　　　　　　　　　　　← 依序為仿粗體、仿斜體、全
設定消除鋸齒 　　　　　　　　　　部大寫字、小型大寫字、上
　　　　　　　　　　　　　　　　標、下標、底線、刪除線
設定語言 → 英文:美國 ｜ 銳利

　　要更改字元格式必須先將要修改的文字選取起來，再從「選項」或「字元」面板中設定屬性，這樣才能執行更換的動作。另外也可以點選單一字元，做個別的文字格式設定。

調整文字間距 / 行距

　　要讓說明文字易於閱讀，文字的間距與行距可得注意，太過擁擠的字距讀起來傷眼力，太過鬆散的字距則讀起來不順暢。另外，行距通常要比字距來的大些，否則要橫式閱讀或直式閱讀會讓人搞不清楚。如下所示，左圖的行距與間距看起來相同，閱讀者容易會錯意，若以 ▨ 調整文字間距，以 ▨ 加大行距，就不會有讀錯的時候了。

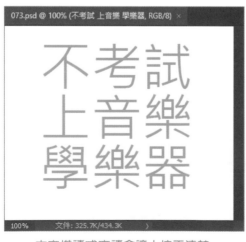

文字橫讀或直讀會讓人搞不清楚

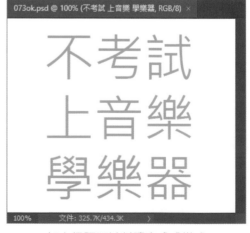

加大行距可以判讀直式或橫式

水平 / 垂直縮放文字

在預設的狀態下,文字都是顯示方正的效果,而利用「垂直縮放」■ 鈕和「水平縮放」■ 鈕,將文字做些許的拉長或壓扁有助於文章段落的閱讀。

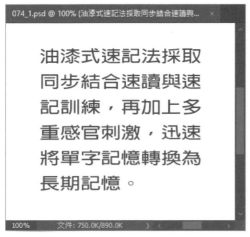

橫式閱讀時,將文字壓扁有助於閱讀

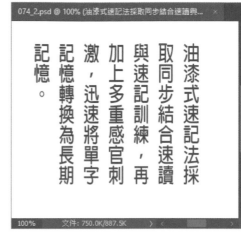

直式閱讀叻將文字拉長

轉換文字方向

不管輸入的文字為直式或橫式,如果想將現有的文字轉換書寫方向,只要在選項上按下「更改文字方向」■ 鈕就能更換方向。

❷ 按此鈕即可轉換方向

❶ 選取文字

設定段落格式

在頁面上建立了段落文字，若要設定段落格式，則必須執行「視窗 / 段落」指令，開啟「段落」面板來設定。

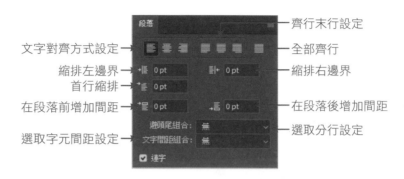

文字對齊方式設定 →
齊行末行設定
全部齊行
縮排左邊界 →
縮排右邊界
首行縮排 →
在段落前增加間距 →
在段落後增加間距
選取分行設定
選取字元間距設定 →

如果要讓段落分明，可以透過首行縮排功能，或是在段的前後增加間距，都能讓內容更分明、更易閱讀。

建立文字彎曲變形

設計文字造型時，利用「建立彎曲文字」鈕可設定各種樣式的彎曲文字，諸如：弧形、拱形、突出、波形效果、膨脹、擠壓、螺旋等，都可以快速做到。

下拉可選擇各種彎曲形式

設定彎曲或扭曲的程度

4-3 | 文字效果的處理

對於文字的處理，除了前面介紹的樣式與格式的設定外，Phototshop 還提供各種的文字樣式與效果，讓各位的標題文字能夠顯得出色獨眾。諸如：影像填滿文字、半透明文字、3D 文字、曲線中的文字等，各位都可以在此節中學到。

套用「樣式」面板

Photoshop 裡有各種精美的文字樣式可以套用，執行「視窗 / 樣式」指令開啟樣式面板，裡面提供基本、自然、毛皮、布料等類別可供挑選，只要按於縮圖使之套用，這樣就可以輕鬆地取得各種樣式的文字效果。

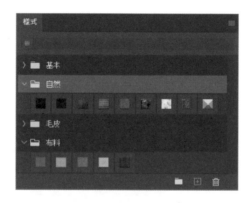

除了目前所看到的基本樣式外，按 ▤ 鈕下拉選擇「舊版樣式和更多」的指令，就可以將 2019 樣式和所有舊版預設樣式通通加進來。如圖示：

接下來試著為文字加入「樣式」面板中的樣式，讓文字產生朦朧的雲霧效果。

❶ 開啟檔案

❷ 點選文字圖層

❺ 顯示套用結果

❸ 切換到「樣式」
面板，點選「舊
版樣式和更多 /
所有舊版預設樣
式 / 文字效果」
的類別

❹ 按一下此縮圖樣
式，就可輕鬆套
用

套用「圖層樣式」

設計標題文字時，「圖層」功能表中的「圖層樣式」是很好用的一項功能，因為不管要製作陰影、內陰影、內光量、外光量、斜角、浮雕、筆畫、漸層等效果，只要修改相關的選項設定，結果馬上呈現在面前。由於它省去許多繁複的過程，而且效果好又快，因此不可不學。其操作視窗如下：

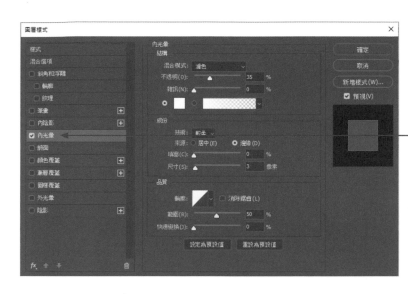

—勾選表示套用該效果,點選該項可設定相關屬性

　　文字圖層可以同時套用多種圖層樣式,勾選某種樣式後,請切換到該樣式上,每個樣式都有不同的屬性及選項設定,試著調整各項數值,就可以馬上產生不同的效果。如下範例,平淡無奇的單色文字,透過「圖層樣式」功能,就可以輕鬆變化出多種的效果。

範例:078.psd

➡ 文字放至路徑

所設計的文字也可以讓它順著路徑行走喔，只要先指定路徑，再選用文字工具，將滑鼠指標移到路徑上，就能順著路徑輸入文字。

❷ 選項上選擇「路徑」

❶ 選擇「筆型工具」

❸ 在頁面上繪製一路徑

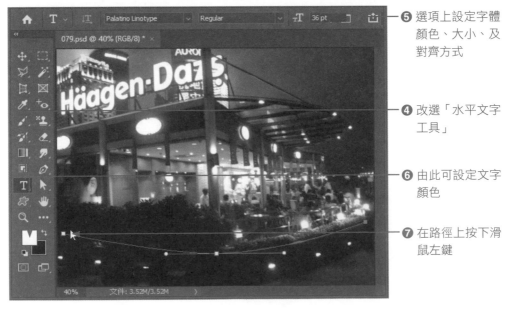

❺ 選項上設定字體顏色、大小、及對齊方式

❹ 改選「水平文字工具」

❻ 由此可設定文字顏色

❼ 在路徑上按下滑鼠左鍵

❽ 完成文字輸入時，切換到其他圖層，即可完成設定

影像填滿文字

在處理標題字時，除了選擇以顏色填滿文字外，也可以將指定的影像填入文字之中。只要將選定的影像拖曳到文字圖層的上方，再執行「圖層 / 建立剪裁遮色片」指令就一切搞定。

❶ 先輸入一組文字

❷ 在文字圖層上方貼入影像，使影像覆蓋在文字上

④ 執行「圖層 / 建立剪裁遮色片」指令

③ 點選影像圖層

⑤ 瞧！影像已跑到文字之中

⑥ 使用「移動工具」拖曳影像，還可以調整影像的位置

半透明文字

　　想將文字溶於圖像之中，並產生一種半透明的文字效果，只要使用「文字遮色片工具」，搭配「影像 / 調整」或「圖層 / 新增調整圖層」功能，也能輕鬆做出來。

❶ 開啟影像檔

❷ 選用「垂直文字遮色片工具」

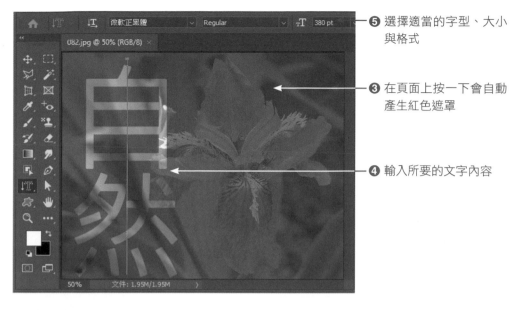

❺ 選擇適當的字型、大小與格式

❸ 在頁面上按一下會自動產生紅色遮罩

❹ 輸入所要的文字內容

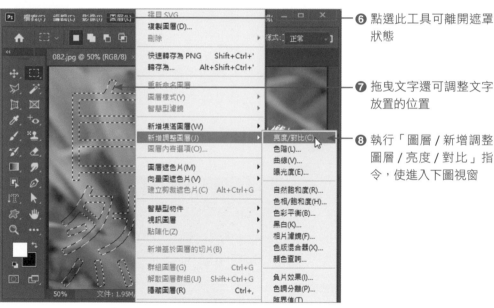

❻ 點選此工具可離開遮罩狀態

❼ 拖曳文字還可調整文字放置的位置

❽ 執行「圖層 / 新增調整圖層 / 亮度 / 對比」指令，使進入下圖視窗

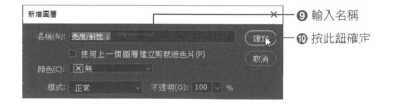

❾ 輸入名稱

❿ 按此鈕確定

⓫ 設定亮度與對比
的比

⓬ 瞧！產生半透明
的文字效果

點陣化文字圖層

建立文字圖層後，隨時可在文字圖層上按滑鼠兩下，然後進入文字的編輯狀態進行修改。萬一其他電腦開啟檔案時，發現電腦中沒有安裝該字形，Photoshop 會出現如下的警告視窗來提醒各位。通常檔案到了完成階段，如果打算送到印刷廠印刷，可以考慮將文字圖層點陣化，如此一來該圖層會變成一般的圖層，即使他人電腦沒有該字形，也可以順利呈現所設計文字效果。要將文字圖層點陣化，只要執行「圖層 / 點陣化 / 圖層」指令就行了，要注意的是，一旦文字圖層轉為點陣化後，就無法重新編修文字圖層的屬性。

❶ 點選文字圖層

❷ 執行「圖層 / 點陣化 / 圖層」指令

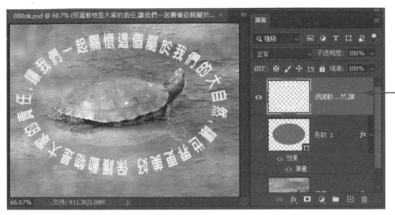

❸ 瞧！文字圖層已
　經轉為一般圖層
　了

MEMO.

向量繪圖設計

Photoshop 除了可以編輯點陣圖影像外，它也提供向量式的繪圖工具，這一章節將針對向量繪圖的部分和各位做探討。

5-1 | 形狀工具的使用與繪製

首先我們針對形狀工具做簡要的説明，若能了解並善用這些工具，網頁設計或多媒體介面的安排就會更簡單快速。想要繪製幾何圖形，Photoshop 的形狀工具提供了矩形、圓角矩形、橢圓、多邊形、直線及自訂形狀可以選用。

不管選用哪個形狀工具，所看到的選項內容大致如下：

由此選擇形狀工具應用的範圍

形狀工具的應用

基本上，利用形狀工具所繪製的形狀可運用在三方面：

形狀圖層

每一個繪製的圖形都將變成獨立的圖層，因此可以個別對圖層做編輯，諸如：換色、修改位置、變形等都是易如反掌。

❶ 切換到「形狀」

❷ 繪製圖形　　　　❸ 瞧！圖形擁有自己的圖層

■ 路徑

繪製的圖形將顯示成工作路徑,可將路徑儲存、轉換成選取區、做填滿或筆畫的處理。

❶ 切換到「路徑」

❷ 繪製造型　　**❸ 瞧!路徑將顯示於「路徑」面板上**

■ 填滿像素

所繪製的圖形會與背景底層結合在一起,因此繪製後就無法再個別調整形狀的位置。不過可以利用選項上的「模式」或「不透明度」來與背景影像形成特殊效果。

❶ 切換到「像素」

❷ 繪製圖形　　**❸ 瞧!繪製的圖形是顯示在背景層**

🔁 工具使用技巧

Photoshop 所包含的形狀工具相當多，這裡為各位簡要的說明各工具的特點：

■ 矩形工具

使用「矩形工具」 ▣，繪製矩形時，除了可以畫出任一比例的矩形外，也可由如圖的選項中將形狀設定為正方形，或固定其尺寸、比例。如果要從中心點開始繪製矩形，則請勾選「從中央」的選項。

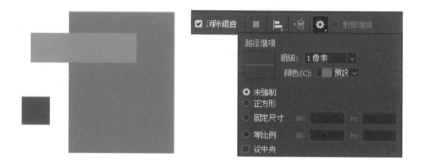

■ 圓角矩形工具

圓角矩形工具 ▣ 能畫出有圓弧角度的矩形。除了「選項」列可以設定相關屬性外，也可以在「內容」面板上設定圓弧角度的大小。

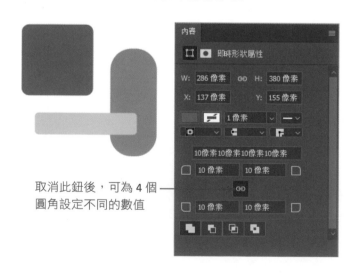

取消此鈕後，可為 4 個圓角設定不同的數值

■ 橢圓工具

橢圓工具  叮以畫出正圓或橢
圓形狀的圖案。

■ 多邊形工具

多邊形工具 可畫出各種多邊形狀或星形圖形。「強度」用來控制中心到外
點的距離,「內縮側邊」可控制內縮邊緣的百分比,如果希望以圓角轉折來代替銳
利轉折,可勾選「平滑轉折角」的選項。若希望以圓角內縮來代替銳角內縮,則
請勾選「平滑內縮」的選項。

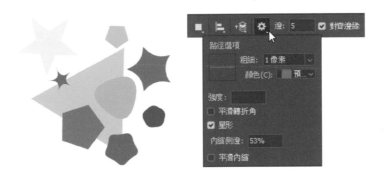

■ 直線工具

直線工具 用來繪製直線或箭頭,在下方的「寬度」是控制箭頭寬度與線段
寬度的百分比,「長度」是控制箭頭長度與線段寬度的百分比,而「凹度」是設定
箭頭凹面與長度的百分比。

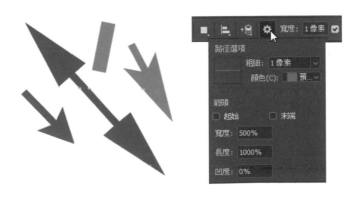

■ 自訂形狀工具

自訂形狀工具  的「形狀」裡提
供各種向量圖形，另外還包含各種類別
的形狀，諸如：有葉樹木、野生動物、
船、花朵等多種類別的形狀讓您選用，
選取類別後，可接著選定圖案，再到頁
面上拖曳出圖形大小，就可以將圖形顯
示於頁面中。

當各位選取任一的繪圖工具後，
只要「選項」列上切換到「形狀」，那麼繪製的圖形就會自動變成一個獨立的圖
層，方便作移動或修改。

5-2 | 路徑繪圖

Photoshop 的「路徑」主要提供向量式的線條，由於它不包含任何的像素資
料，因此無法列印出來，不過在編輯完路徑後，可透過填滿或筆畫的功能來呈現
造型，另外印刷設計中常用的去背圖形，也都是利用路徑功能來做剪裁的。執行
「視窗 / 路徑」指令，叫出路徑浮動視窗來瞧瞧！

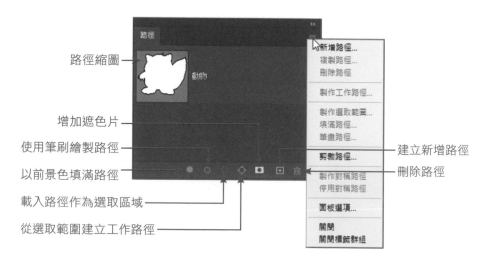

工作路徑的建立與編修

建立工作路徑的方式有四種，你可以使用形狀工具、創意筆工具、筆型工具，或是以選取區的方式來建立工作路徑。

■ 以形狀工具建立工作路徑

當開啟路徑面板時，路徑面板上空無一物，必須先利用形狀工具或筆型工具才能建立工作路徑，有了工作路徑後才可以轉換成選取區域，或做儲存、填滿、筆畫等動作。

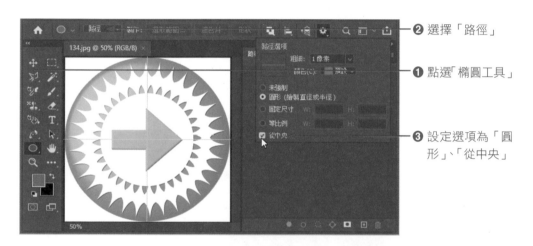

❷ 選擇「路徑」

❶ 點選「橢圓工具」

❸ 設定選項為「圓形」、「從中央」

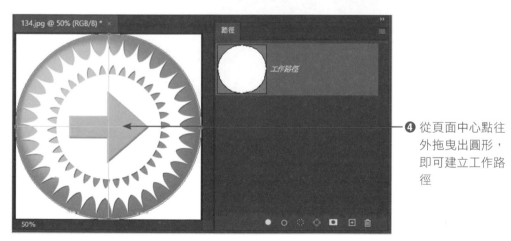

❹ 從頁面中心點往外拖曳出圓形，即可建立工作路徑

■ 以創意筆工具建立工作路徑

創意筆工具類似磁性套索工具，只要沿著圖形邊緣依序按下滑鼠，就可以快速繪製路徑。

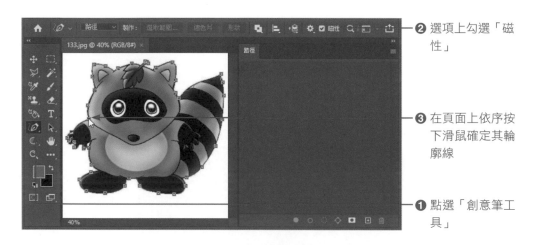

❷ 選項上勾選「磁性」

❸ 在頁面上依序按下滑鼠確定其輪廓線

❶ 點選「創意筆工具」

❹ 完成時將結束點與起始點連接在一起，工作路徑就會自動產生

■ 以筆型工具建立工作路徑

筆型工具 ✐ 是必須完全靠使用者來操作工具才能繪製出路徑。新手只要把握如下的三個原則，就可輕鬆畫出完美的路徑。

- 依序按下滑鼠左鍵，可建立筆直的路徑
- 按下左鍵做拖曳的動作，路徑會變成曲線，同時會有兩個控制桿和控制點。
- 加按「Alt」鍵可以轉換錨點，讓右側的控制桿與控制點不顯示出來，方便下一個錨點的繪製。

■ 以選取區建立工作路徑

　　除了利用形狀工具、筆型工具、或創意筆工具來建立工作路徑外，使用「選取工具」所選取的範圍，也可以將它轉換成工作路徑。

❸ 勾選「連續的」可避免眼睛的白色也被選取

❷ 設定容許度

❹ 按一下背景使全選白色

❶ 點選「魔術棒工具」

❺ 執行「選取 / 反轉」指令，使改選影像

❻ 由「路徑」面板右上角下拉執行「製作工作路徑」指令

❼ 設定容許度

❽ 按「確定」鈕離開

⑨ 完成工作路徑的建立

儲存路徑

　　建立的工作路徑只是暫存在記憶體中，如果需要再度使用到這些路徑，就必須將它們儲存起來。

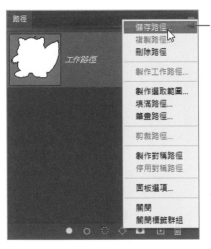

建立工作路徑後，由右上角下拉執行「儲存路徑」指令，輸入路徑名稱，按下「確定」鈕，路徑正式建立後會以正體字顯現

製作選取範圍

　　在同一個檔案中可以增設多個路徑，透過各個路徑的交集、減去或相交等處理，即可產生更多的路徑。此處來看看如何透過「製作選取範圍」的功能，來為路徑做增加、減去或相交的處理。

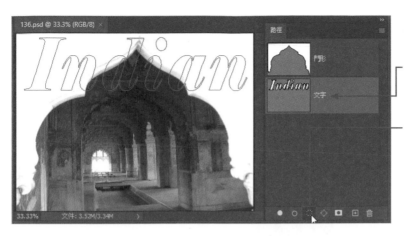

❶ 點選「文字」的
路徑縮圖

❷ 按住「文字」路
徑縮圖不放，將
其拖曳到「載入
路徑作為選取範
圍」鈕中，使之
變成選取區

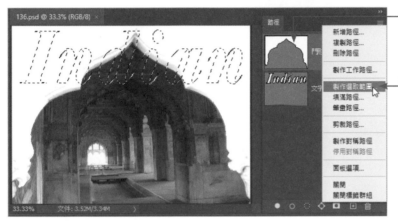

❸ 點選「門形」路
徑縮圖

❹ 由右上角下拉執
行「製作選取範
圍」指令

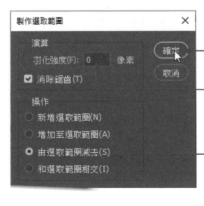

❼ 按「確定」鈕離開

❻ 設定羽化效果

❺ 設定操作的方式

❽ 路徑相減的部份已
轉為選取範圍

　　利用相交、減去或增加所得到的選取範圍，還可以再將它們儲存為路徑，這樣
在運用時就變得很多樣化。

📥 填滿與筆畫路徑

　　路徑建立後執行「填滿路徑」指令，可填入指定的色彩，並設定合併模式、不
透明度或羽化效果。而「筆畫路徑」指令，可以選擇筆畫的工具，透過筆刷的控
制來決定筆畫的粗細與變化。

❶ 先點選要填滿色
彩的路徑縮圖，
使頁面上顯示該
路徑

❸ 由右上角下拉執
行「填滿路徑」
指令

❷ 設定前景色為淡黃色

⑥ 按「確定」鈕離開，就可以看到相減
的文字區域已填入黃色

④ 將內容設定為前景色

⑤ 設定混合模式及不透明度

⑦ 點選「筆刷工具」

⑧ 設定筆刷的大小
與樣式

⑩ 點選「文字」的
路徑縮圖，使顯
現完整的文字

⑨ 將前景色更改為
紫色

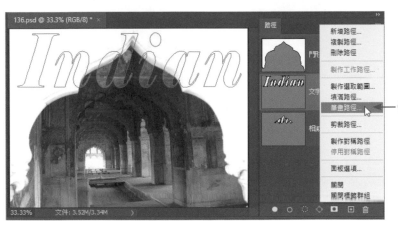

⑪ 由右上角下拉執
行「筆畫路徑」
指令

⑫ 選擇「筆刷」工具

⑬ 按「確定」鈕離開

⑭ 路徑已填入指定的筆刷色彩

特效濾鏡與
自動化功能

Photoshop 的濾鏡功能是大多數設計者的最愛，透過濾鏡的使用，能為平淡的影像加入各種的紋理效果、材質變化、藝術風、變形扭曲……使用者可以經由更改濾鏡的設定，自訂出符合需求的特殊效果，讓影像輕鬆就能吸引觀賞者的目光。而使用繪圖軟體從事設計時，有時候因為工作的需要，必須重複做相同的步驟；譬如將影像縮小到特定的尺寸，以利版面的編排，或是排版人員需要將影像由 RGB 模式轉換成 CMYK 的 TIFF 檔等。如果圖量多達上千個，那可得花上一兩天的時間做同樣的動作，甚至操作到手都酸痛了還做不完。若是學會讓影像操作過程自動化，就可以將這些重複性的工作交由電腦來執行，其餘時間喝茶納涼，等著收成結果。

6-1│濾鏡使用技巧

濾鏡其實就是一些常見的影像特效，點選「濾鏡」功能表時，通常會看到如下的選單。

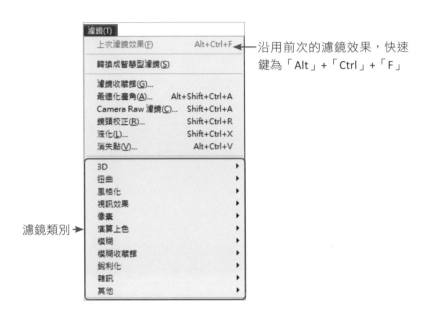

沿用前次的濾鏡效果，快速鍵為「Alt」+「Ctrl」+「F」

濾鏡類別

在「濾鏡」類別中，右側的三角形鈕還提供相關的效果可供選用，如果已經使用過某種濾鏡特效，想要再度使用可直接按快速鍵「Alt」+「Ctrl」+「F」，上方則包括轉換成智慧型濾鏡、濾鏡收藏館、最適化廣角、Camera Raw 濾鏡、鏡頭校正、液化、消失點等項。

🔹 轉換成智慧型濾鏡

「濾鏡/轉換成智慧型濾鏡」可以在不破壞原影像的狀態下，讓使用者新增、調整和移除影像的濾鏡。這樣的轉換功能，對於設計師來說可說是一大福音，因為不必為了保留原先影像而必須另存影像。使用者執行「濾鏡/轉換成智慧型濾鏡」指令後，它會將選定的圖層轉換成智慧型物件，同時會在圖層縮圖的右下角標示了 🔳 的圖示。

表示此圖層為智慧型物件

加入「濾鏡」功能表中的濾鏡效果後，如果事後想要回復原先的影像風貌，只要將智慧型濾鏡的眼睛圖示關掉就一切搞定。

加入濾鏡效果時，圖層顯示的狀況

關掉眼睛圖示，原先加入的濾鏡效果就會被隱藏

濾鏡收藏館

使用「濾鏡收藏館」可以更改濾鏡的設定，能同時重複套用多個濾鏡，甚至可以重新排列濾鏡執行的先後順序，使達到想要得到的效果。執行「濾鏡 / 濾鏡收藏館」指令，將看到如下圖的視窗：

預視窗　　　該類別中的濾鏡效果　濾鏡執行的先後順序　　濾鏡選項設定

控制預視窗　顯示比例　濾鏡的分類　　　　　　　　　效果圖層　　刪除效果圖層

按住名稱做上下移動，　　　　　　　　　　　　　新增效果圖層
可改變執行的先後順序

濾鏡收藏館包括扭曲、風格化、紋理、素描、筆觸、藝術風等六種濾鏡類別。先從類別中選定某一濾鏡效果後，右下方會自動加入該項濾鏡名稱，同時右側也會顯示細項設定讓各位做調整。如果要加入第二項濾鏡效果請先按「新增效果圖層」🔲鈕，再選擇所要使用的濾鏡縮圖，而 👁 則是控制該項濾鏡的顯示與否。

Camera Raw 濾鏡

拍攝的影像假設有色溫、曝光度、或清晰度的問題，可以透過「濾鏡 / Camera Raw 濾鏡」指令來做修正。開啟要調整的影像檔後，執行「濾鏡 / Camera Raw 濾鏡」指令會看到如右上圖視窗：

❶ 由各標籤頁可以修改影像效果

❷ 按「確定」鈕即可改變影像

在 Camera Raw 視窗中可針對整體影像或局部影像作調整。下面我們試著調整影像的缺點，以便為過暗的區域補光，同時讓灰白的天空變得晴朗些。

❸ 調整後，可看到此區域的影像變亮　　　　　　　　　　**❶** 切換到「基本」標籤

❷ 由此調整陰影的比例

④ 點選「漸層濾鏡」工具　　　　　　　⑤ 在影像上由右上拖曳到中間，使顯
　　　　　　　　　　　　　　　　　　　現如圖的綠點到紅點的漸層效果

⑥ 按下顏色的色塊

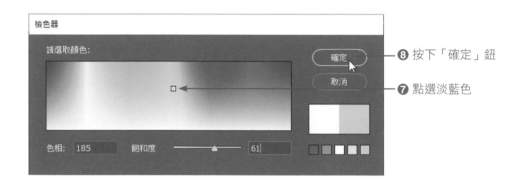

⑧ 按下「確定」鈕

⑦ 點選淡藍色

⑩ 瞧！天空變晴朗了！　⑨ 如果看不到效果，可以調整一下「曝光度」

⑪ 設定完成，按「確定」鈕離開

◆ 扭曲

「濾鏡 / 扭曲」著重於影像的扭轉、傾斜、漣漪、內縮 / 外擴、旋轉等變形處理，使用過度時，將看不出影像原來的風貌。

原圖 (116.jpg)

內縮和外擴

扭轉效果

波形效果

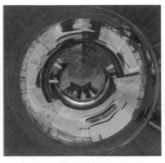
旋轉效果

移置（載入 PSD 檔）

魚眼效果

傾斜效果

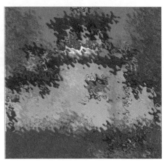
漣漪效果

鋸齒狀

風格化

「濾鏡 / 風格化」可以創造出浮雕、錯位分割、擴散、輪廓描圖等特殊風格的效果。

原圖 (117.jpg)

突出分割（區塊）

突出分割（金字塔）

風動效果

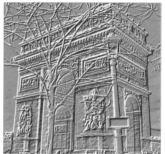

浮雕

找尋邊緣

輪廓描圖

錯位分割

擴散

曝光過度

📥 視訊效果

　　「濾鏡 / 視訊效果」包括 NTSC 色彩及反交錯兩個選項。「NTSC 色彩」主要將電腦影像轉換成視訊設備可以接受的色彩範圍；而「反交錯」是將視訊設備擷取下來的影像所產生的掃描線加以消除。

📥 像素

　　「濾鏡 / 像素」包含了多面體、彩色網屏、馬賽克、結晶化等類的粒狀的效果，讓畫面變得較粗糙些，運用此濾鏡，可作為背景處理或質感的表達。

原圖 (118.jpg)　　　　多面體　　　　　馬賽克

彩色網屏　　　　　　殘影　　　　　　結晶化

網線銅版　　　　　　點狀化

演算上色

「濾鏡 / 演算上色」可以自動產生像雲彩或光源、反光等的濾鏡效果，是製作特效時，最容易被採用的的項目之一。

原圖 (119.jpg)

反光效果

光源效果

雲狀效果
（與前背景設定有關）

雲彩效果
（與前背景設定有關）

纖維
（與前背景設定有關）

除了上述的效果外，「演算上色 / 火焰」可在指定的路徑上加入各種的火焰效果，而「演算上色 / 樹」可選擇加入多達三十多種的樹木效果。如圖示：

另外，「演算上色／圖片框」是一個製作圖框的好工具，在「基本」標籤部分，它提供各種的邊框樣式，也可以設定花朵、葉子的造型，更可以設定邊界和尺寸，而「進階」標籤部分還可設定邊框的行數、粗細、角度、淡化程度，讓邊框可以依照使用者的需求來進行編排。執行「濾鏡／演算上色／圖片框」指令即可進入下圖視窗進行設定。

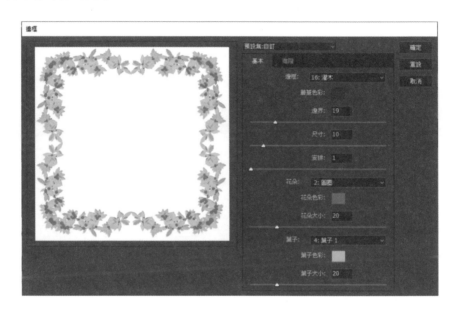

模糊與模糊收藏館

「濾鏡／模糊」和「濾鏡／模糊收藏館」主要讓影像變得較模糊些，諸如：形狀模糊、方框模糊、表面模糊等，讓模糊的變化更多樣。另外，景色模糊、光圈模糊、移軸模糊等三種模糊可迅速建立三種不同的攝影模糊效果，並可以直接在影像上直接觀看或作控制。而使用「光圈模糊」可將一或多個焦點加入相片中，在影像上可直接改變焦點的尺寸和形狀，如下圖所示是執行「濾鏡／模糊收藏館／光圈模糊」指令所顯示的視窗：

❶ 按住中間不放，可以拖曳
　方式來改變光圈的位置

❷ 拖曳此控制點可以
　改變焦點的形狀

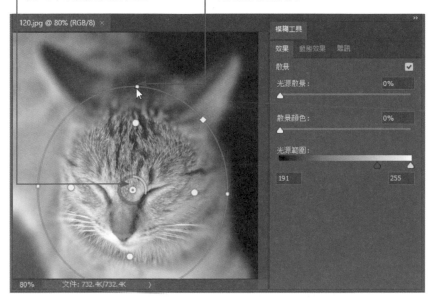

你可以使用同樣方式增設多個焦點，以增加想要清楚的區域範圍，設定完成後再按「Enter」鍵使確認模糊區域。

❶ 以同樣方式可增
　設多個焦點

❷ 設定完成，按此鈕或「Enter」
　鍵使確認模糊

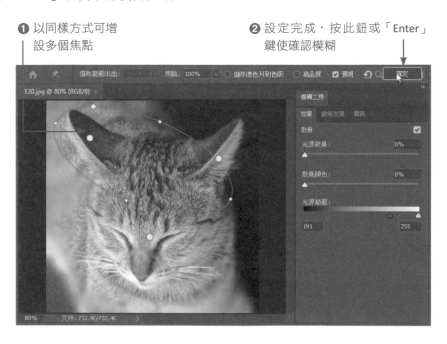

除了景色模糊、光圈模糊、移軸模糊三種效果可利用直觀方式或利用右側的面板做設定外，其餘的模糊效果大致如下。

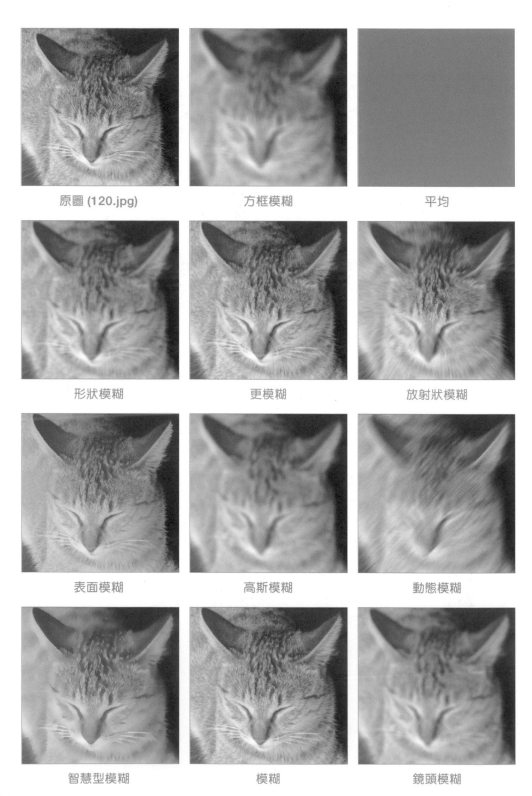

原圖 (120.jpg)　　　方框模糊　　　平均

形狀模糊　　　更模糊　　　放射狀模糊

表面模糊　　　高斯模糊　　　動態模糊

智慧型模糊　　　模糊　　　鏡頭模糊

銳利化

「濾鏡 / 銳利化」能將影像輪廓變銳利，因此所拍攝的影像如有對焦不準的情形，可以使用這類功能來加以調整。諸如「智慧型銳利化」的濾鏡特效，不但可以改善邊緣的細節，還可以有效控制陰影與光亮區域的銳利程度，甚至還可以設定移除高斯模糊、鏡頭模糊或動態模糊的類型，可說是相當進階的設定。

另外，「防手震」功能可將因相機震動而模糊的影像快速回復清晰度，不論模糊是由於慢速快門或長焦距而造成的。

原圖 (121.jpg)

更銳利化

防手震

智慧型銳利化

遮色片銳利化調整

銳利化

銳利化邊緣

雜訊

「濾鏡/雜訊」用來增加雜訊或去除斑點和刮痕，諸如，夜拍影像上的雜點或是掃描影像上的網點，都可以使用去除斑點的功能加以去除。除此之外，此類別也提供了「減少雜訊」的功能，不但可以減少在弱光下或高 ISO 值情況下所顯現的雜點，還提供更多細節的設定，諸如：色版的選擇、減少 JPEG 圖檔因過度壓縮所形成的雜訊等，各位不妨嘗試看看。

原圖 (122.jpg)　　　　　中和　　　　　去除斑點

污點和刮痕　　　　　減少雜訊　　　　　增加雜訊

其他

「濾鏡/其他」將不易分類的特效或需自行設定的效果歸類於此。

原圖 (123.jpg)

自訂

最大

最小

畫面錯位

顏色快調

💠 淡化濾鏡效果

對於所執行的濾鏡特效，可以透過「編輯 / 淡化」指令來加以淡化效果，配合它的不透明控制與模式的選擇能產生不錯的效果。開啟影像檔案後，執行「濾鏡 / 模糊 / 高斯模糊」指令將會看到如下視窗，可設定模糊的強度。

❷ 按「確定」鈕離開

❶ 設定模糊的強度

設定完模糊強度後，接著執行執行「編輯 / 淡化高斯模糊」指令，就可以在如下視窗裡設定淡化的效果或是合成的模式。

❶ 調整不透明度，並將模式改為「濾色」

❷ 按「確定」鈕離開

如此一來，原本黯淡無光的畫面彷彿加了柔焦鏡的效果。

▍6-2 ▏自動處理功能

Photoshop 提供許多自動處理的功能，可以幫你快速處理影像，不管是色彩模式或尺寸的變更，甚至可以讓你將數張連續景的影像結合成一張全景影像喔！這裡就來看看如何使用這些功能。

自動條件模式更改

對於目前所開啟的影像檔案，如果想要將它轉換成點陣圖、灰階、雙色調、索引色等各種色彩模式，除了利用「影像 / 模式」指令做轉換外，也可以執行「檔案 / 自動 / 條件模式更改」指令來由電腦快速執行。

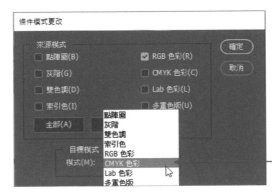

——這裡設定轉換的模式

自動符合影像

所開啟的影像檔，如果需要將它縮放成特定的尺寸，可以執行「檔案 / 自動 / 符合影像」指令，在如下的視窗中輸入寬度或高度值就行了，其功能和各位執行「影像 / 影像尺寸」指令完全相同。

MEMO

07

Illustrator
的基礎操作

Illustrator 軟體主要是透過數學公式的運算來顯示點線面,繪製的造型不管放多大的比例,都不會有失真或鋸齒狀的情況發生,而且檔案量也很小,因此成為美術設計師所必備的向量式繪圖軟體。軟體提供簡捷的工作方式,讓使用者可以針對個人工作的重點,選擇列印和校樣、印刷樣式、描圖、版面、網頁、繪圖等工作環境,不但大大提升設計者的生產力,而且允許設計者以全新的方式表現創意。因此不管是插畫設計師、美術設計師,或是網頁設計師,都可以用更直覺的方式來編輯或設計版面。

7-1 ｜ 視窗環境介紹

　　首先針對 Illustrator 的視窗環境作介紹，讓各位在以後的學習過程更輕鬆上手。

操作環境

　　執行「Adobe Illustrator 2021」程式，進入程式後請在「首頁」視窗按左下角的「開啟」鈕並開啟現有的 Ai 檔。這裡先來介紹 Illustrator 的視窗環境。

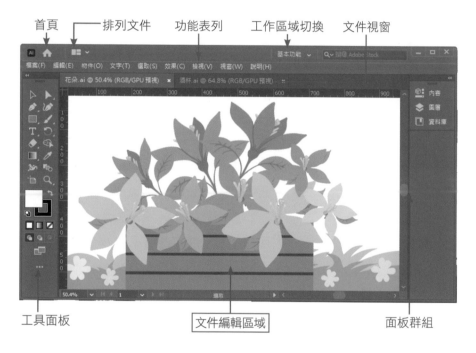

　　文件視窗用來顯示文件編輯的區域範圍，位在視窗中央的白色區域就是原先所設定的文件尺寸，而外圍的灰色區域則稱為「畫布」，可作為物件暫存或編輯的區域。視窗的左上方稱為「索引標籤」，用來顯示檔名、檔案格式、顯示比例、色彩模式、檢視模式及關閉文件視窗鈕。

索引標籤　　　　　　　文件編輯區域　　　　　　　　　　　畫布

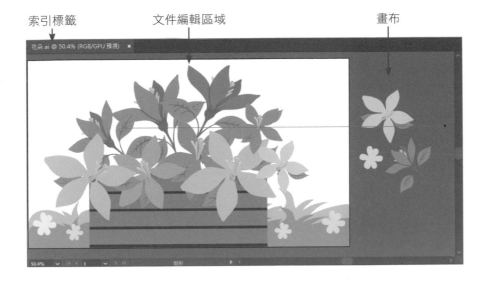

工具的選用

　　工具位在視窗左側，提供多達八十多種的工具按鈕，對於同類型的工具鈕會放在同一個位置上，透過按鈕右下角的三角形，即可作切換。如下圖所示，按下「文字工具」鈕可看到同類型的文字工具。

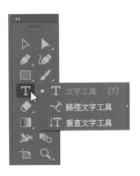

色彩設定

　　工具下方可做色彩設定，在此說明如下：

填色　　　　　　　　　　切換填色和筆畫

預設的填色與筆畫　　　　筆畫

顏色　　　　　　　　　　無

漸層

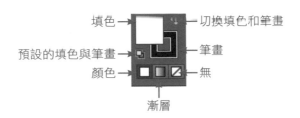

在 Illustrator 中，預設的填色為白色，筆畫為黑色，當各位按下工具中的 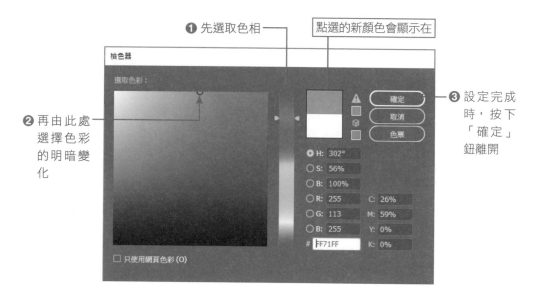 鈕，它會呈現如上的白色色塊和黑色框線。若要設定填滿的顏色，請按滑鼠兩下於「填色」的色塊上，就可以進入檢色器中作色彩的設定。

❶ 先選取色相

點選的新顏色會顯示在

檢色器

選取色彩：

❷ 再由此處選擇色彩的明暗變化

❸ 設定完成時，按下「確定」鈕離開

確定
取消
色票

H: 302°
S: 56%
B: 100%
R: 255　C: 26%
G: 113　M: 59%
B: 255　Y: 0%
FF71FF　K: 0%

□ 只使用網頁色彩 (O)

設定顏色時，「檢色器」的視窗中若出現 ⚠ 符號，表示該顏色無法以列表機列印出來，而 ⬡ 符號表示該色彩並非網頁安全色。所以當各位所作的文件是要用在網頁上或是印刷出版時，請先按一下該圖示，軟體會自動找到最相近的顏色。

如果要設定筆畫的色彩，請利用滑鼠按一下「筆畫」，它會將框線顯示在填色的色塊之上，同樣按兩下即可進入「檢色器」中設定框線的色彩。

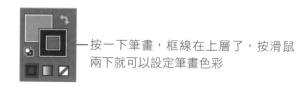

按一下筆畫，框線在上層了，按滑鼠兩下就可以設定筆畫色彩

除了設定單一顏色外，透過工具也可以選用漸層的填色或筆畫，也可以設定為「無」。

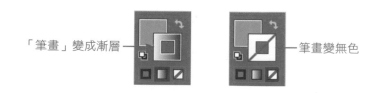

「筆畫」變成漸層

筆畫變無色

工具設定與工具選項設定

選用工具鈕來繪製造形時，諸如：螺旋工具、矩形工具、圓角矩形工具、橢圓形工具、多邊形工具、星形工具、反射工具等，只要選定工具鈕後在文件上按一下左鍵，就會跳出視窗來讓使用者設定特定的寬高或半徑等屬性。

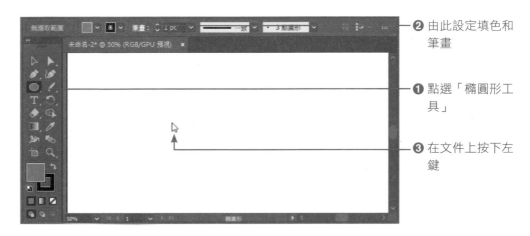

❷ 由此設定填色和
筆畫

❶ 點選「橢圓形工
具」

❸ 在文件上按下左
鍵

❹ 輸入所需要的寬度和高度值

❺ 按下「確定」鈕離開

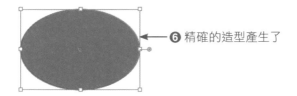

❻ 精確的造型產生了

7-2 | 新舊文件的開啟與儲存

熟悉 Illustrator 的視窗環境與工具後，接下來將進入文件的設定與編輯，包括如何舊有文件的開啟、建立新文件、以及檔案的儲存等。有了良好的操作概念，才能奠定成功的基礎。

開啟舊有文件

對於曾經編輯過的 AI 文件或是各種檔案格式的影像插圖，都可以利用「檔案 / 開啟舊檔」指令來開啟。

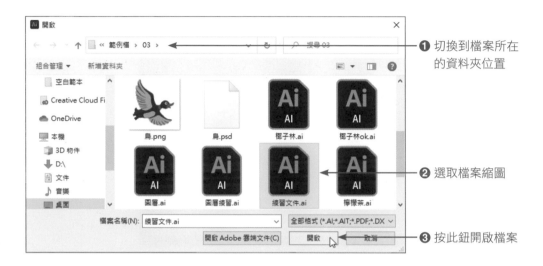

❶ 切換到檔案所在的資料夾位置

❷ 選取檔案縮圖

❸ 按此鈕開啟檔案

建立新文件

要從無到有設計出作品，首先就是開啟新的文件。各位可別小看這個動作，因為必須針對文件的用途來設定文件的尺寸、方向、解析度、數量、甚至是出血值。一般來說，以 Illustrator 設計的文件有可能用在以下兩種用途：一個是印刷出版，另一個則是以螢幕呈現。

■ 印刷出版

假如設計的文件是要送到印刷廠印刷出版，通常要選用 CMYK 的色彩模式，而且解析度也要設在 300 像素 / 英寸才行，這樣才能透過青（Cyan）、洋紅（Magenta）、黃（Yellow）、黑（Black）四種油墨色料來調配出各種的色彩。如果印刷品的背景並非白色，為了避免裁切紙張時，因為裁刀位置的不夠精確而留下原紙張的白色，因此通常都要在設計尺寸之外加大填滿底色的區域範圍，這就是所謂的「出血」設定，出血值一般設定為 3mm 或 5mm。

■ 螢幕呈現

除了印刷用途之外，如果完成的文件是要以網頁的方式呈現，或是作為視訊的影片之用，或是要放置在 iPad、iPhone 等裝置上，那麼都可算是以螢幕的方式來呈現。由於螢幕的解析度最高只能顯示 72 ppi，即便畫面的品質高於 72 ppi 也無法顯示出來，因此以螢幕呈現的文件只要設定為 72 ppi 就可以了。

對於文件的用途有所了解後，現在試著新增一份包含 4 頁、A4 大小的印刷文件。

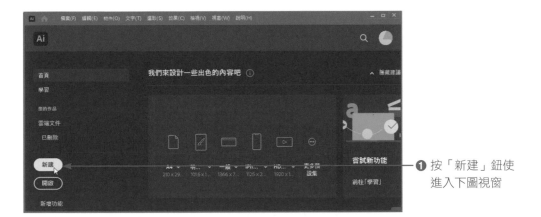

❶ 按「新建」鈕使進入下圖視窗

❷ 切換到「列印」標籤　　❸ 由此選擇「A4」尺寸

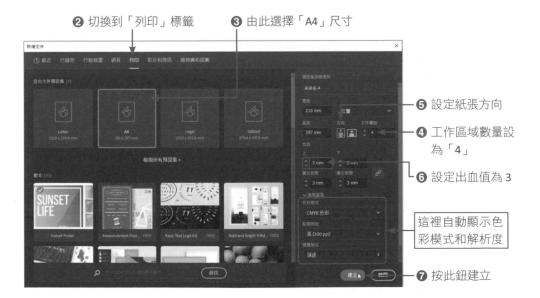

❺ 設定紙張方向

❹ 工作區域數量設為「4」

❻ 設定出血值為 3

這裡自動顯示色彩模式和解析度

❼ 按此鈕建立

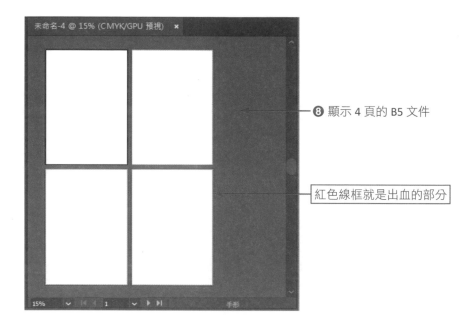

❽ 顯示 4 頁的 B5 文件

紅色線框就是出血的部分

儲存文件

　　建立空白文件後我們先將文件儲存起來。對於尚未儲存過的文件，請執行「檔案 / 儲存」指令會進入下圖視窗，你可以選擇將檔案儲存到雲端文件，或是儲存到您的電腦。

選擇儲存到 Adobe 雲端會幫你記下版本紀錄，無論是否有安裝 Illustrator，都可以在雲端進行文件處理。如果選擇「儲存在您的電腦」鈕，那麼設定儲存路徑、檔名，直接按下「存檔」鈕儲存檔案即可。

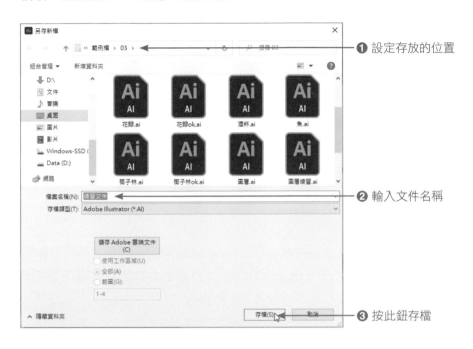

❶ 設定存放的位置

❷ 輸入文件名稱

❸ 按此鈕存檔

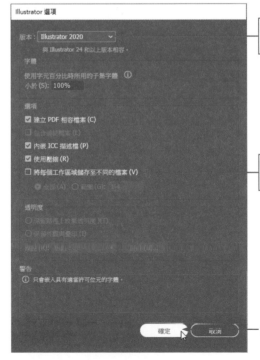

如果希望檔案可以在較早的 Illustrator 版本中開啟，可以由此選擇儲存的版本

如果需要將每個工作區域都各別儲存，可以勾選此項

❹ 按「確定」鈕完成儲存動作

雖然在儲存檔案時，可以由「存檔類型」中選擇 PDF、EPS、AIT、FXG、SVG、SVGZ 等格式，不過 AI 格式是 Illustrator 的特有檔案格式，可以保留 Illustrator 所有的檔案資料及工作區域，方便將來的編修，所以通常原始的 AI 格式一定要保留下來。

7-3 | 工作區域的變更

在前面的章節中我們新增了一個包含 4 個工作區域的文件，那麼到底要怎麼切換工作區域？如何增加或刪除多餘的工作區域？或是想要變更工作區域的方向或名稱，有關工作區域的相關問題，這裡將針對文件視窗的「工作區域導覽」、工作區域面板、工作區域工具等做說明。

➡️ 工作區域導覽

想要切換到特定的工作區域，利用文件左下方的「工作區域導覽」即可快速切換。或是透過「上一個」或「下一個」鈕來作上下頁面的切換，也可以按下「第一個」或「最後一個」鈕來快速到達最前或最後的頁面。

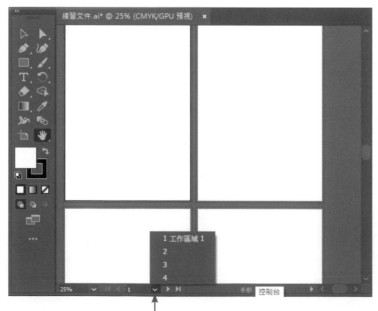

按下拉鈕，可以選擇要顯示的工作區域（頁面）

🔵 工作區域面板

除了在文件檔上切換工作區域外，如果想要重新調整工作區域的先後順序，或是要增加 / 刪除工作區域，都可以利用「工作區域」面板來設定。執行「視窗 / 工作區域」指令，使顯現「工作區域」面板。

按此鈕會顯示「工作區域選項」視窗

按滑鼠兩下，可更改工作區域的名稱

向下移動

新增工作區域

向上移動

刪除工作區域

7-4 ｜ 物件的選取

對於新增文件的方式與工作區域的變更有所了解後，按著要準備編輯物件。不過要讓電腦知道哪個物件要做處理，就得先利用選取工具來選取物件。Illustrator 軟體中所提供的選取工具包含了「選取工具」 、「直接選取工具」 、「群組選取工具」 、「套索工具」 、「魔術棒工具」 五種，這裡先就這些工具作介紹。

🔵 選取工具

「選取工具」 是最常使用的選取工具，因為它可以選取單一物件，加按「Shift」鍵可以選取多個物件，另外也可以將選取的物件選取起來。

選取群組的物件

選取單一物件

💠 直接選取工具

「直接選取工具」 ▶ 能夠選取群組中的個別物件，同時針對該物件造型進行路徑和錨點的編修，而「控制」面板上也有提供錨點的轉換或刪除可多加利用。

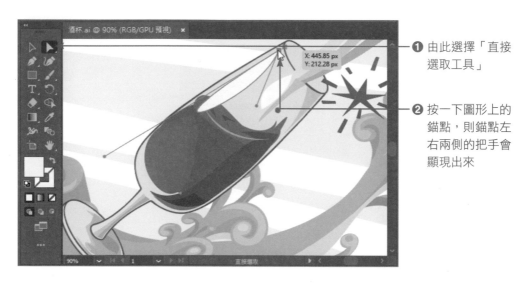

❶ 由此選擇「直接選取工具」

❷ 按一下圖形上的錨點，則錨點左右兩側的把手會顯現出來

❸ 調整把手的位置或角度，即可改變造型的弧度

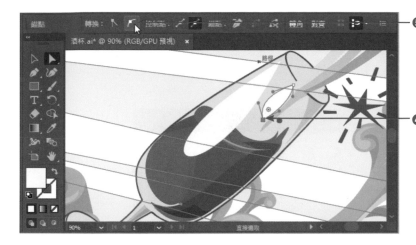

❺ 按此鈕可將錨點
轉換為平滑

❹ 點選此錨點，使
變成實心狀態

🔶 群組選取工具

「群組選取工具」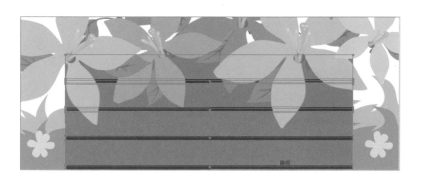是針對群組中的物件或多重群組物件作選取。因此每一次的選取，都會自動增加階層中的下一個群組的所有物件。如下圖所示，花盆部分是由褐色與深褐色的矩形群組而成，複製排列後再一起群組成花盆。若以「群組選取工具」選取深褐色時，它會選取該造型，再按一下左鍵會再加選到褐色的造型，再按一下左鍵就會選取整個花盆了。

🔵 套索工具

「套索工具」 🔘 可以選取不規則範圍內的物件，只要在拖曳範圍內所涵蓋的造型，就會被選取起來。

❶ 點選「套索工具」

❷ 拖曳出此區域範圍

❸ 此花朵被選取起來了

🔵 魔術棒工具

「魔術棒工具」 🪄 是依據填色顏色、筆畫顏色、筆畫寬度、不透明度等顏色的相近程度來選取物件，也能夠以相似色彩的漸變模式作為選取的依據。按滑鼠兩下於「魔術棒工具」 🪄 上，它會出現「魔術棒」面板，透過該面板即可設定應用的項目。

❶ 按滑鼠兩下於「魔術棒工具」

❸ 按一下想要選取的紅色

❷ 勾選「填色顏色」的選項,並設定容許值

❹ 瞧!另一個紅色的星狀圖案也被選取起來了

7-5 | 物件的編輯

　　物件或造型被選取後,接下來可以告訴程式您要執行的編輯動作,一般常使用的編輯動作包含了移動、拷貝、旋轉、鏡射、縮放、傾斜等。這裡就針對這些功能作說明。

移動造型物件

選取物件後最常做的動作就是「移動」，也就是把物件移到想要放置的地方。通常只要以滑鼠按住造型即可移動位置。你也可以利用鍵盤上的上／下／左／右鍵來微調距離，如果需要移動到特定的距離或角度，可以使用「物件／變形／移動」指令來處理。

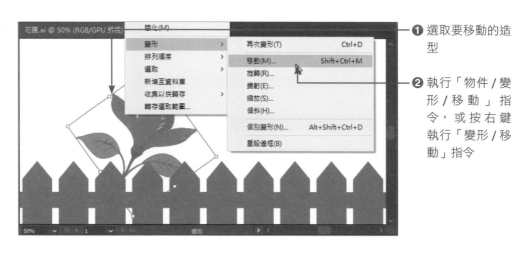

❶ 選取要移動的造型

❷ 執行「物件／變形／移動」指令，或按右鍵執行「變形／移動」指令

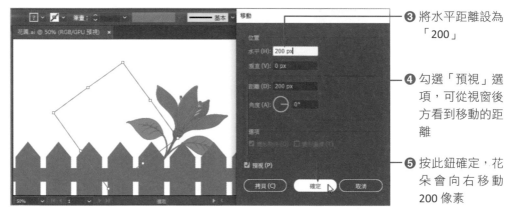

❸ 將水平距離設為「200」

❹ 勾選「預視」選項，可從視窗後方看到移動的距離

❺ 按此鈕確定，花朵會向右移動200像素

拷貝造型物件

要複製造形，「編輯」功能表中有提供「拷貝」和「貼上」指令，也可以利用大家所熟悉的快速鍵「Crl+C」鍵（複製）與「Ctrl+V」鍵（貼上）。而利用剛剛介紹的「物件／變形／移動」指令，可針對特定的移動距離來進行拷貝，拷貝後若要

再次執行相同的變形指令，可執行「物件／變形／再次變形」指令，或是按快速鍵
「Crl+D」。

　　這裡以籬笆的基本造形作介紹，告訴各位如何快速製作成等距離的籬笆。

❶ 點選籬笆的基本形

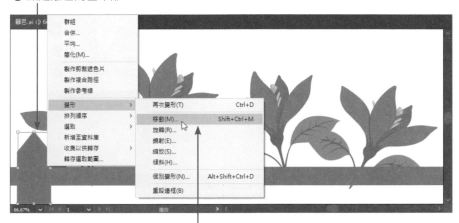

❷ 按右鍵執行「變形／移動」指令

❸ 輸入移動水平方向的距離為「100」

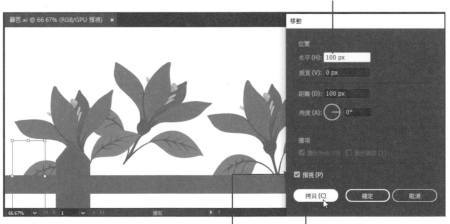

❹ 勾選「預視」可看到前後兩個基本形的間距　　　　❺ 按下「拷貝」鈕離開

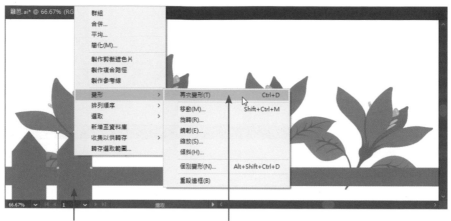

❻ 按右鍵於已複製的造型上　　　❼ 執行「變形 / 再次變形」指令，或按快速鍵
　　　　　　　　　　　　　　　　　「Crl+D」8 次

❽ 籬笆完成囉！

🔷 旋轉造型物件

　　要為物件造型旋轉方向，最簡單的方式就是利用「旋轉工具」 🔄，只要點選造形後在文件上作拖曳，就可以看到旋轉後的位置。另外，控制中心點的位置可讓造型依照指定的中心點來旋轉！此處以花瓣的製作來做說明。

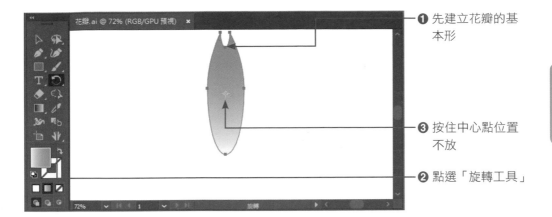

① 先建立花瓣的基本形

③ 按住中心點位置不放

② 點選「旋轉工具」

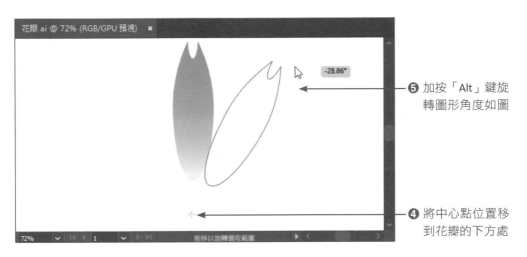

⑤ 加按「Alt」鍵旋轉圖形角度如圖

④ 將中心點位置移到花瓣的下方處

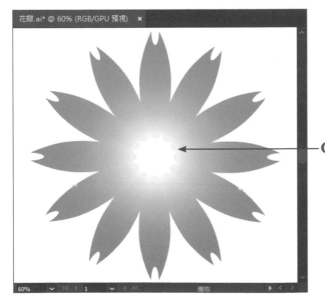

⑥ 依序按「Crl+D」鍵再次變形，即可完成花瓣的製作

鏡射造型物件

「鏡射工具」 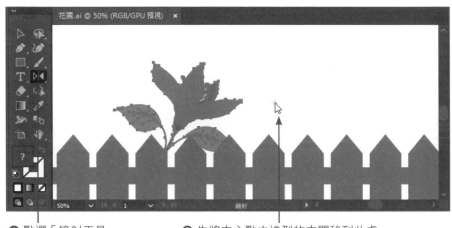 是一座標軸為基準,讓造型物件作水平方向或垂直方向的翻轉,使產生像鏡子一樣的反射效果。各位也可以配合前面所學到的「Alt」鍵及中心點的控制,以達到想要的變形效果。

❶ 點選「鏡射工具」　　　❷ 先將中心點由造型的中間移到此處

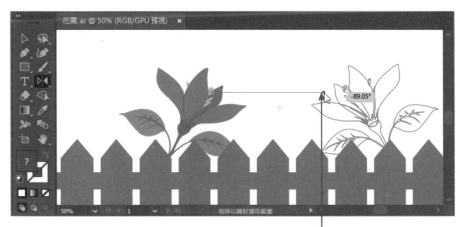

❸ 加按「Alt」鍵鏡射造形,並由智慧型參考線了解
　　對齊的狀況,放開滑鼠就完成鏡射與複製

縮放造型物件

「縮放工具」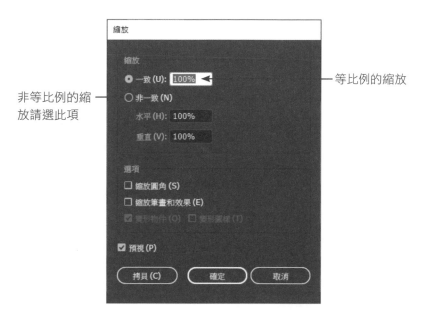和「物件 / 變形 / 縮放」指令可讓物件作等比例或非等比例的縮放，使用技巧與操作方式同前面介紹的拷貝、旋轉、鏡射相同。

非等比例的縮放請選此項

等比例的縮放

要注意的是，如果要縮放的造型或物件有包含筆畫線條，那麼可根據需求來選擇是否勾選「縮放筆畫和效果」的選項。如下圖所示，同一條魚在放大 300% 後，勾選與未勾選「縮放筆畫和效果」選項，其結果大不相同。

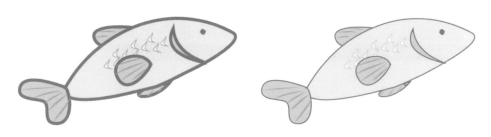

勾選「縮放筆畫和效果」　　　　　　　　未勾選「縮放筆畫和效果」

傾斜造型物件

「傾斜工具」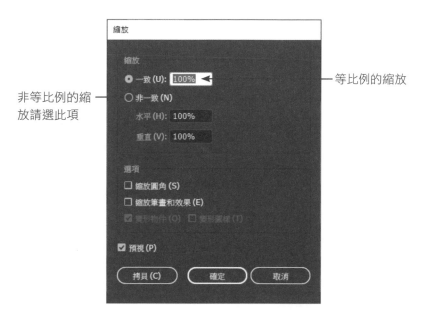與「物件 / 變形 / 傾斜」指令是讓物件做水平或垂直方向的傾斜角度。

❶ 選取椰子樹後,點選「傾斜工具」　　　❷ 加按「Alt」鍵拖曳椰子樹

❸ 自動出現此視窗,請設定傾斜角度

❹ 按下「拷貝」鈕

❺ 複製一棵椰子樹,但又有點不同的椰子樹

7-5 │ 圖層的編輯與使用

「圖層」是 Adobe 所創造出來的一種設計概念，它是將每個造型物件分別裝在不同的籃子裡，當設計者針對特定的籃子進行編輯時，它並不會影響到其他籃子裡的物件。運用這種概念所形成的圖層觀念，就能在進行創作設計時有更大的編輯空間，因為針對某一圖層可以隨時的選取起來再利用、再編輯，有必要時也可以加以群組分類，非常的方便。此節針對「圖層」面板以及與圖層有關的操作技巧跟大家做說明。

認識圖層面板

執行「視窗/圖層」指令可開啟「圖層」面板，由於新增的文件中只會顯示一個圖層，因此這裡先請各位開啟「圖層.ai」檔，我們先來瞧瞧它的結構。

執行「群組」功能的圖形會顯示「群組」

置入進來的插圖可選擇以連結或嵌入的方式　　路徑工具繪製的造形會顯示「路徑」

現在先針對「圖層」面板的圖示與按鈕做個簡要的說明。

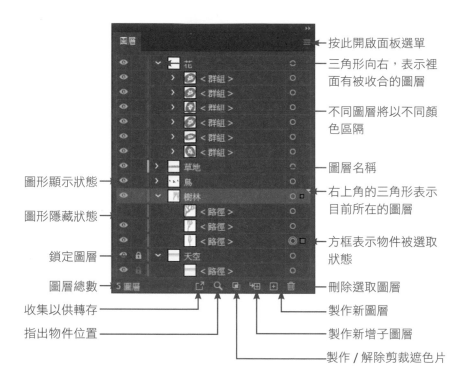

按此開啟面板選單

三角形向右，表示裡面有被收合的圖層

不同圖層將以不同顏色區隔

圖層名稱

圖形顯示狀態

圖形隱藏狀態

鎖定圖層

圖層總數

收集以供轉存

指出物件位置

右上角的三角形表示目前所在的圖層

方框表示物件被選取狀態

刪除選取圖層

製作新圖層

製作新增子圖層

製作 / 解除剪裁遮色片

　　各位不要被這麼多的圖示按鈕給嚇著了，在這裡只要先記住以下兩點，其餘的按鈕功能或作用，我們會在後面一一為各位解說。

- 有眼睛 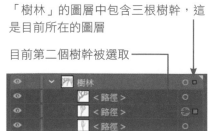 符號的表示看得到的圖層，按一下滑鼠左鍵眼睛會不見，表示該圖層被隱藏起來。當物件的位置相近時，下層的物件不易被選取時，可利用圖層面板將上層的物件先暫時隱藏起來。

- 由文件視窗點選造形或物件時，圖層面板上也會顯示對應的位置。圖層右上角有三角形表示目前所在的圖層，但是實際選取的物件則會以有顏色的方框表示。

「樹林」的圖層中包含三根樹幹，這是目前所在的圖層

目前第二個樹幹被選取

圖層中的造型繪製

前面提過,新增的文件中只會顯示一個圖層,因此若未做任何的圖層設定時,都是在預設的「圖層1」中繪製造型。

❶ 開啟空白文件

❹ 瞧!三個路徑都繪製在「圖層1」之下

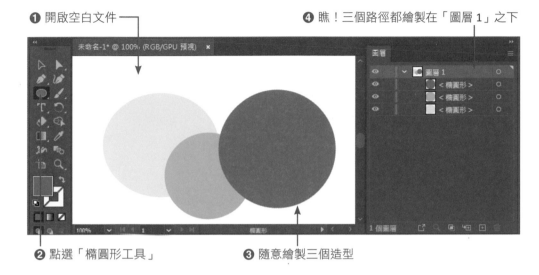

❷ 點選「橢圓形工具」

❸ 隨意繪製三個造型

圖層的命名

所繪製的圖層都會在預設的「圖層1」當中,為了方便編排複雜的造型圖案,各位可以為圖層加以命名。

─ 按滑鼠兩下於「圖層1」的名稱上,使之呈現選取狀態,直接輸入新的名稱,按下「Enter」鍵即可完成

新增圖層

若要繪製其他的造型，各位可以從「圖層」面板來新增圖層，請由面板下方按下「製作新圖層」  鈕，就會自動新增空白的圖層。

按下「製作新圖層」鈕，新增的圖層會顯示在上層

圖層中置入圖形

「圖層」除了會將繪製的路徑放置在點選的圖層中，也可以將其他程式所製作的影像插圖置入。執行「檔案 / 置入」指令可以「連結」或「嵌入」的方式將指定的檔案插入至點選的圖層裡。方式如下：

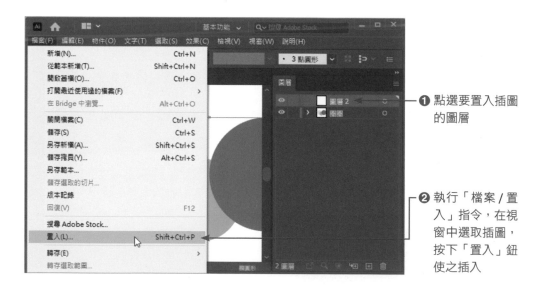

❶ 點選要置入插圖的圖層

❷ 執行「檔案 / 置入」指令，在視窗中選取插圖，按下「置入」鈕使之插入

❸ 點選「選取工具」　　　　　　❹ 拖曳四角可以縮小插圖的比例

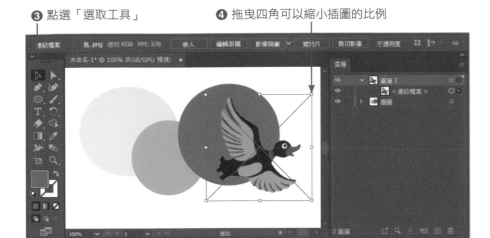

❺ 在文件上拖曳出想要的比例大小後，圖層面板就會顯示連結的檔案

　　如果在「置入」的視窗中取消「連結」的勾選，或是在連結檔案後由「控制」面板上按下 嵌入 鈕，那麼插圖會直接鑲嵌在文件中，文件的檔案量會變大；反之以「連結」方式必須將插圖與文件放置在一起，否則「連結」面板上會顯示遺失的符號，列印時品質就會因檔案的遺失而受到影響。

調整圖層順序

　　不管是圖層或圖層中的子圖層，想要對調圖層之間的先後順序，都是利用滑鼠拖曳的方式就可以辦到。

❶ 按此選取要編輯的圖層物件（文件中對應的物件會被選取起來）

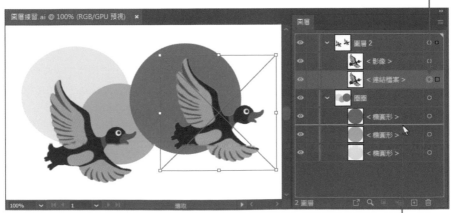

❷ 將選取的圖層拖曳到藍色圓與綠色圓之間，圖層改變後，畫面效果也會跟著變更

複製 / 刪除圖層

　　要複製圖層，可將圖層選取後拖曳到下方的「製作新圖層」🔲鈕中，它就會在原位置上複製一份相同的圖層物件。若是要刪除圖層，可在點選後按下🗑️鈕就行了。

08

造形繪製和
組合變形

Illustrator 是以向量繪圖為主的軟體，對於
造形的繪製，當然功能比其他的影像繪圖軟
體來得強。造形若要從無到有開始繪製，可
以利用基本的幾何造型工具來組成，也可
以利用鋼筆工具來畫出貝茲曲線，而這個章
節主要探討幾何造型工具的繪製技巧與應
用。各位可別小看這些幾何繪圖工具，透過
這些基本造型的組合也可以變化出各種圖
案，再加上形狀模式的聯集、差集、交集等
各種組合變化，就可以形成各種唯妙唯肖的
造型。

利用基本的幾何造型工具，也可以組合出各種好看的造型

8-1 | 幾何造型工具

幾何造型工具主要包括矩形工具、圓角矩形工具、橢圓形工具、多邊形工具、星形工具五種，如下圖所示：

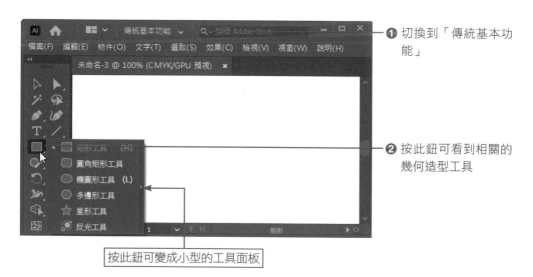

❶ 切換到「傳統基本功能」

❷ 按此鈕可看到相關的幾何造型工具

按此鈕可變成小型的工具面板

8-2 | 形狀繪製

接下來將利用這些繪圖工具來繪製各種的幾何造型。由於工具的使用技巧大致相同，因此各位可自行舉一反三，這裡僅對較特別的效果做說明。

繪製矩形 / 正方形

選取「矩形工具」鈕後，直接在文件上拖曳滑鼠就會看到圖形的大小，確定所要的比例後放開滑鼠，矩形即可完成。要繪製正方形可加按「Shift」鍵再拖曳造型，若希望從圖形的中心點往外畫出造型則加按「Alt」鍵。

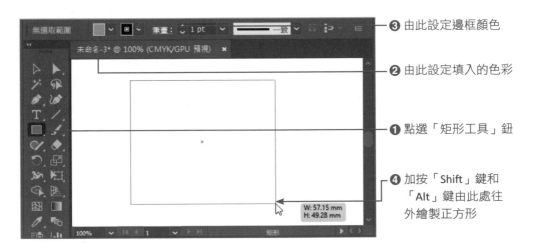

❸ 由此設定邊框顏色

❷ 由此設定填入的色彩

❶ 點選「矩形工具」鈕

❹ 加按「Shift」鍵和「Alt」鍵由此處往外繪製正方形

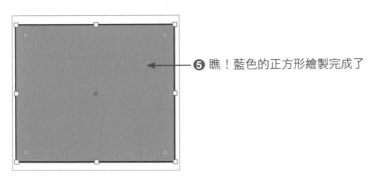

❺ 瞧！藍色的正方形繪製完成了

如果需要設定精準的矩形或正方形的尺寸，請先在文件上按下左鍵，出現如下視窗即可設定精確的寬度與高度。

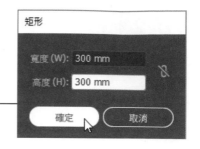

出現此符號，就不會強制寬高比例————

繪製圓角矩形 / 圓角正方形

圓角矩形是在矩形四角以圓形的弧度取代直角，因此在繪製時，可依設計者的需要來設定圓角半徑值，圓角半徑值越大則圓角的弧度越大。

繪製正圓形 / 橢圓形

「橢圓形工具」可繪製正圓形或橢圓形，繪製正圓形可加按「Shift」鍵再拖曳造型，加按「Alt」鍵則是從中心點往外畫出正圓或橢圓形。

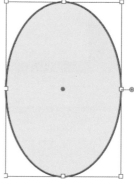

繪製多邊形

要繪製多邊形，請在文件上按下左鍵，即可在如下的視窗中設定多邊形的邊數。

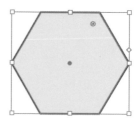

📌 繪製星形 / 三角形

要繪製星形圖案，可在如下視窗中先設定兩個半徑值和星芒數。

兩個半徑的比例會影響到星芒的銳利程度，如下圖所示，同樣半徑 1 設為「50」，另一個半徑分別設為「40」、「30」、「20」，所呈現的效果也不相同。

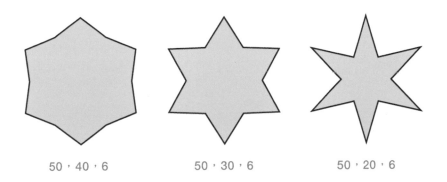

| 50，40，6 | 50，30，6 | 50，20，6 |

📌 幾何造型的組合技巧

介紹這麼多的幾何造型工具，真的就可以畫出很多造型嗎？各位不用懷疑，像是本章一開始所放的鉛筆、建築物、玩具手機等造型圖案，不外乎就是利用橢圓形、圓角矩形、矩形、星形所組合而成。

■ 鉛筆

藍色的筆身是由矩形和多個橢圓形所組合而成，筆尖則是利用兩個不同色彩的三角形所繪製而成，而三角形可利用「星形工具」或「多邊形工具」繪製出來。

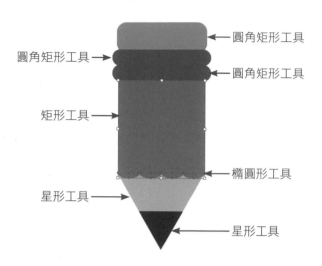

圓角矩形工具

圓角矩形工具

圓角矩形工具

矩形工具

橢圓形工具

星形工具

星形工具

■ 玩具手機

　　中間的紅色面板是利用圓形和圓角矩形所組合而成，手機的機身則是利用兩個不同色彩的圓角矩形堆疊而成。

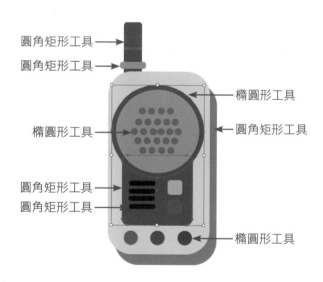

圓角矩形工具

圓角矩形工具

橢圓形工具

橢圓形工具

圓角矩形工具

圓角矩形工具

圓角矩形工具

橢圓形工具

8-3 ｜ 造形的組合變化

在沒有框線的情況下，利用堆疊或相同顏色的方式，可以把較特殊的造型給「變」出來，那麼如果需要線框出現的時候豈不是露了餡。關於這點各位不用擔心，對於較複雜的造形，可以利用「路徑面板」中的聯集、差集、交集、合併、分割…等各種功能來處理。另外還可以利用「直接選取工具」選取造型上的錨點，再透過「控制」面板作錨點的刪除或轉換，也可以讓幾何造形產生更多的變化。這一小節中，我們就針對「路徑面板」及「形狀建立程式工具」做介紹，讓各位輕鬆組合成想要的造型圖案。

認識路徑面板

請由「視窗」功能表中勾選「路徑管理員」的選項，使開啟「路徑管理員」面板。

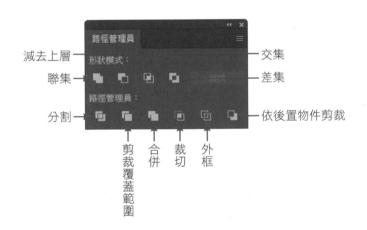

接下來依序針對形狀模式和路徑管理員所提供的功能按鈕作說明。

聯集

「聯集」 可將選取的各種物件融合在一起，而變成一個單一的獨立物件。

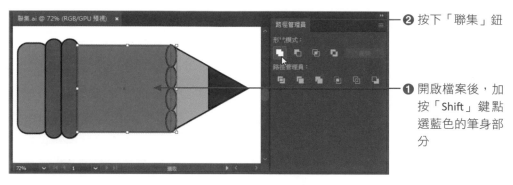

❷ 按下「聯集」鈕

❶ 開啟檔案後，加按「Shift」鍵點選藍色的筆身部分

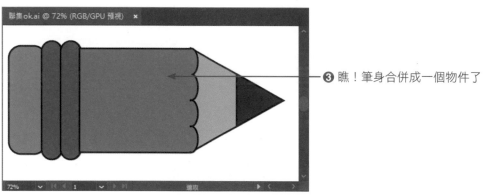

❸ 瞧！筆身合併成一個物件了

🔸 減去上層

「減去上層」■是將下層物件減掉上層的物件，而重疊的部分會形成鏤空的狀態。

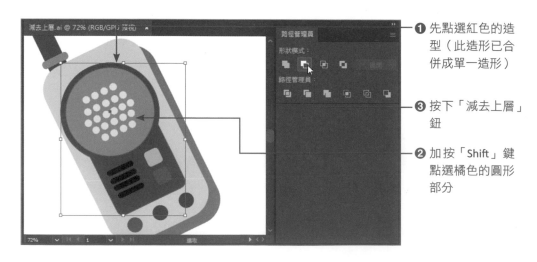

❶ 先點選紅色的造型（此造形已合併成單一造形）

❸ 按下「減去上層」鈕

❷ 加按「Shift」鍵點選橘色的圓形部分

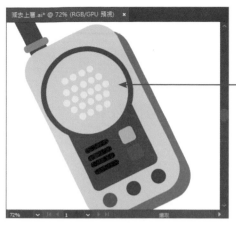

❹ 圓形區域變鏤空了，而顯現出底下的淡藍色面板

🔹 交集

「交集」🔲 只會保留兩選取物件的重疊部分。

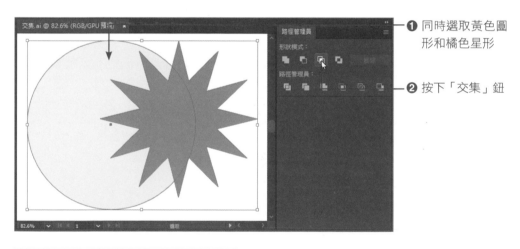

❶ 同時選取黃色圖形和橘色星形

❷ 按下「交集」鈕

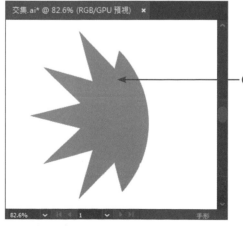

❸ 只保留下兩物件重疊的部分

差集

「差集」 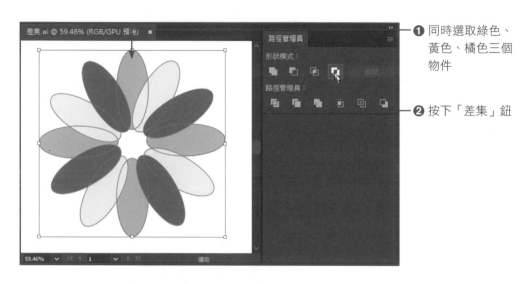 會保留物件間未重疊的部分，並以最上層物件的顏色填入，而重疊的部分則會變成鏤空的狀態。

❶ 同時選取綠色、黃色、橘色三個物件

❷ 按下「差集」鈕

❸ 瞧！三個物件都變成橙色，重疊部分則變鏤空

🔹 分割

「分割」 📱 會將物件重疊的部分切割成一塊塊的物件，不過分割後必須利用「群組選取工具」 ▶️ 才可以調整分割後的物件。

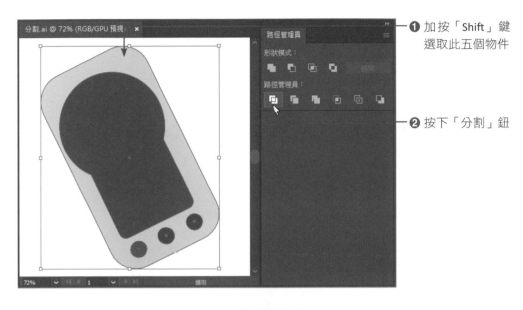

❶ 加按「Shift」鍵選取此五個物件

❷ 按下「分割」鈕

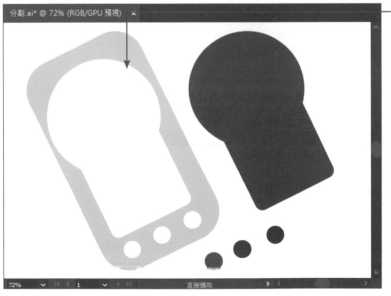

❸ 取消物件的選取後改選「群組選取工具」，依序以滑鼠拖曳上層的造形，即可看到原先淡藍色的圓角矩形，已變成鏤空的效果

剪裁覆蓋範圍

「剪裁覆蓋範圍」會將物件相重疊的地方消除，同時物件上若有加入框線，也會一併將框線去除。

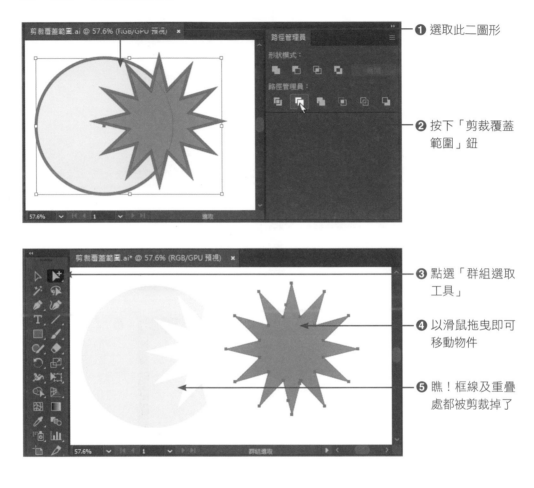

❶ 選取此二圖形

❷ 按下「剪裁覆蓋範圍」鈕

❸ 點選「群組選取工具」

❹ 以滑鼠拖曳即可移動物件

❺ 瞧！框線及重疊處都被剪裁掉了

合併

「合併」的作用有部分與「剪裁覆蓋範圍」雷同，對於不同色彩的造型，都會將重疊的部分切除，然後移除筆畫框線，只留下填色。但是若合併的是相同色彩的造形，則會合併成一個物件。

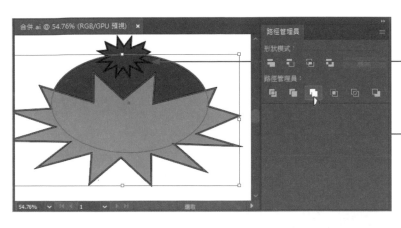

❶ 選取褐色橢圓形
和綠色的星狀造
型

❷ 按下「合併」鈕

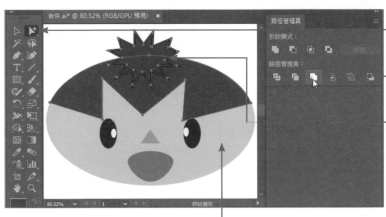

❸ 點選「群組選取
工具」

❻ 按下「合併」鈕

❺ 同時點選上方的
頭髮以及星狀造
型

❹ 在文件上點選綠色造型，按「Delete」鍵即可刪除，使留下上方的頭

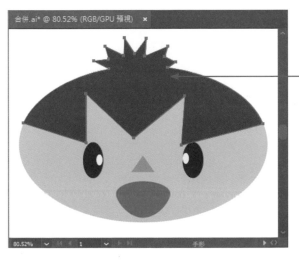

❼ 由於是相同色彩，所以合併成一個
造型物件

🔷 裁切

「裁切」 ⬚ 會將重疊的部分保留下來，而以下層的顏色顯示，如果原先有設定框線，則線框會被移除。

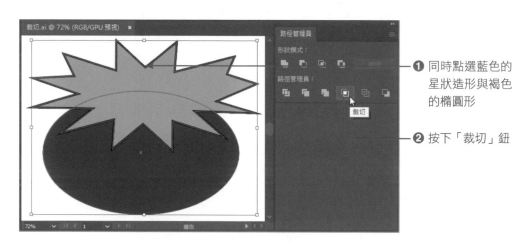

❶ 同時點選藍色的星狀造形與褐色的橢圓形

❷ 按下「裁切」鈕

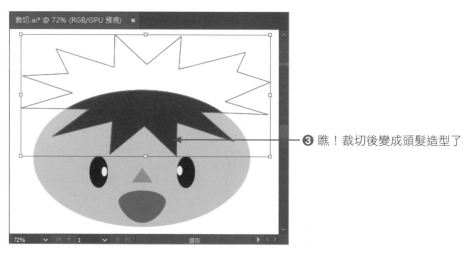

❸ 瞧！裁切後變成頭髮造型了

🔷 形狀建立程式工具

「形狀建立程式工具」是另一個可以加快物件組合速度的工具，原則上若要合併物件，可以利用滑鼠拖曳出來的直線作圖形的合併，而加按「Alt」鍵則可以減去造型。使用方式說明如下：

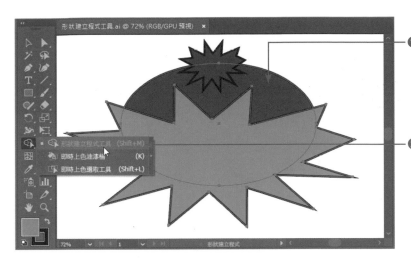

❶ 同時點選褐色橢圓形與綠色星狀造型

❷ 點選「形狀建立程式工具」

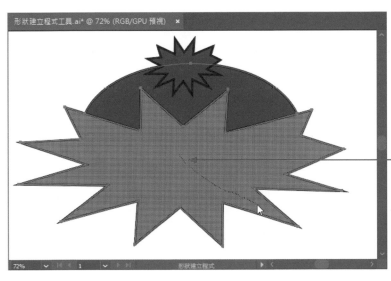

❸ 加按「Alt」鍵，並以滑鼠拖曳出如圖的線條，即可減去綠色的星狀造型

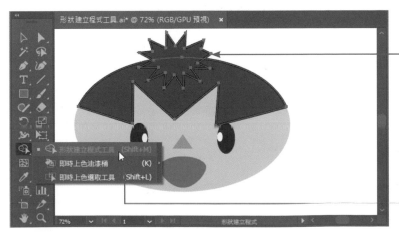

❹ 同時點選兩個褐色的造型

❺ 再點選「形狀建立程式工具」

⑥ 以滑鼠拖曳出如圖的直線，使跨越三個區塊，如此一來，兩個褐色已合併成一個造形了

8-4 | 造形的變形

前面的小節中已經學會了如何利用基本繪圖工具來創造造型，接下來還有一些工具可以幫助各位快速為造型作變形，這些工具包括了橡皮擦工具、剪刀工具、及美工刀工具。另外還有可以透過彎曲、扭轉、膨脹、皺摺、扇形等工具的設定，讓造型產生細微的變形，這裡就針對這些功能做說明。

橡皮擦工具

「橡皮擦工具」 ◆ 用來擦去畫面上多餘的區域，透過橡皮擦工具的選項設定，即可設定想要的橡皮擦尺寸、角度和圓度。

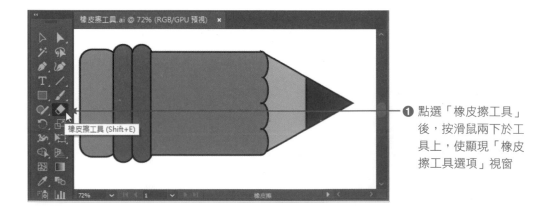

① 點選「橡皮擦工具」後，按滑鼠兩下於工具上，使顯現「橡皮擦工具選項」視窗

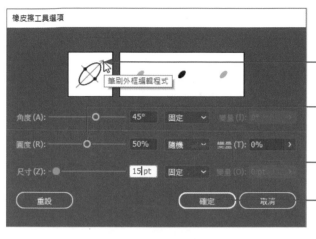

❷ 拖曳此處可以控制筆觸的角度

❸ 依序設定圓角和筆觸尺寸

若勾選「隨機」，可由後方設定變量值

❹ 設定完成按「確定」鈕離開

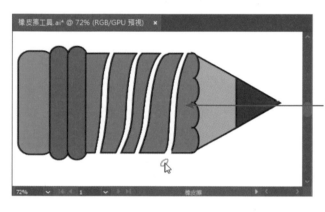

❺ 直接以滑鼠拖曳，就可以擦除出造型

🔹 美工刀工具

　　「美工刀工具」 🖊 可以沿著任何的形狀或路徑進行不規則的切割，而切割後的造形會自動變成封閉的路徑。

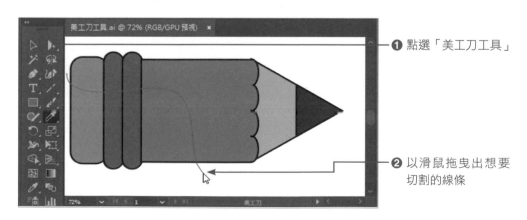

❶ 點選「美工刀工具」

❷ 以滑鼠拖曳出想要切割的線條

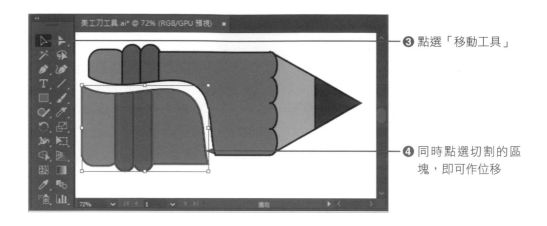

❸ 點選「移動工具」

❹ 同時點選切割的區塊，即可作位移

🔵 剪刀工具

「剪刀工具」 ✂️ 只能針對一個路徑做直線的切割，選取路徑後，請在路徑上按下滑鼠左鍵設定兩個要分割的錨點，即可利用「選取工具」 ▷ 移動切片的位置。

❶ 點選「剪刀工具」

❷ 按下此錨點

❸ 若出現此視窗，請按「確定」鈕離開

❹ 再按下此錨點

❺ 以「選取工具」移動頭髮的位置，瞧！變成中分頭了

🔹 液化變形

　　液化變形是指利用寬度工具、彎曲工具、扭轉工具、縮攏工具、膨脹工具、扇形化工具、結晶化工具、皺摺工具等，將造型做細微的變形。工具鈕的位置如下：

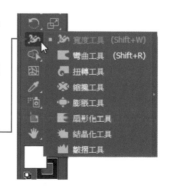

點選工具後，按滑鼠兩下在工具鈕上，還可設定該工具的選項

點選任一個工具後，在工具鈕上按滑鼠兩下，還可針對該工具的選項做設定，而不同的工具就有不同的選項設定。從各工具鈕的圖示上，各位也可以看出它所產生的變化效果，如下圖所示，便是圖形經過「液化變形」所呈現的效果：

❶ 點選「液化變形」
　進行變形處理

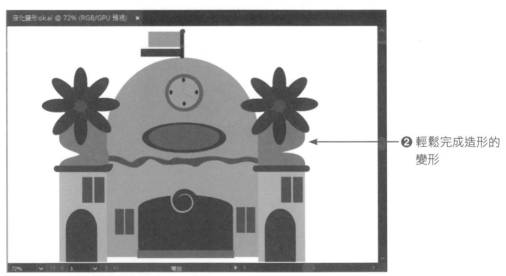

❷ 輕鬆完成造形的
　變形

線條的建立與編修

對於封閉的幾何造型，相信各位在前面章節中已經能夠運用自如，至於線條的繪製與編修、貝茲曲線的繪製與編修、或是筆刷效果的應用，則在這一章會跟各位探討。

9-1 | 繪製線條

在線條方面，不管是直線、曲線、弧線、螺旋狀線條、格狀、放射狀等，Illustrator 都有相關的工具可供設計者使用。此外，想要繪製有包含箭頭的線條也不是問題喔！現在就來看看這些線條要如何繪製。

以「線段區段工具」繪製直線

「線段區段工具」用來繪製線段，使用時只要按下滑鼠建立起點位置，拖曳後放開滑鼠，線段就會自動顯現。若加按「Shift」鍵則限定在水平線、垂直線、或 45 度角的線段。若需要特定的長度或角度，可按左鍵於文件上，軟體就會自動顯現「線段區段工具選項」的視窗。

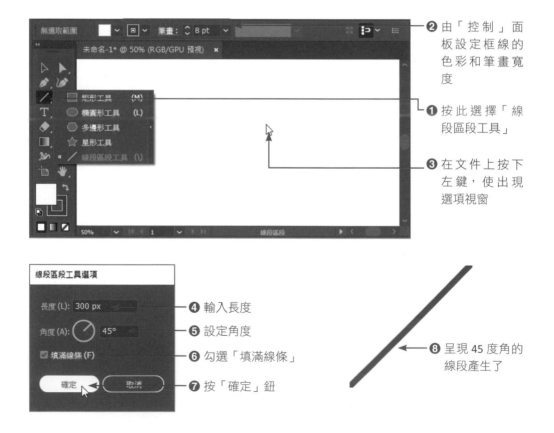

❷ 由「控制」面板設定框線的色彩和筆畫寬度

❶ 按此選擇「線段區段工具」

❸ 在文件上按下左鍵，使出現選項視窗

❹ 輸入長度

❺ 設定角度

❻ 勾選「填滿線條」

❼ 按「確定」鈕

❽ 呈現 45 度角的線段產生了

以「鉛筆工具」繪製曲線

如果要繪製自由的不規則線條,那麼可以利用「鉛筆工具」 來處理,只要由「控制」面板上設定好筆畫色彩和筆畫寬度,直接拖曳滑鼠即可產生自由曲線。

❶ 點選「鉛筆工具」　　　❷ 由「控制」面板設定筆畫色彩和筆畫寬度

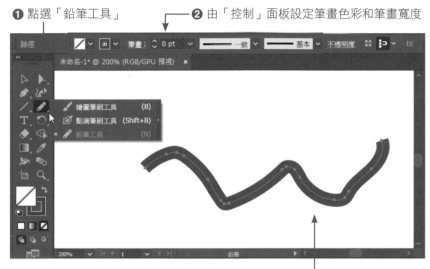

❸ 按住滑鼠拖曳,放開滑鼠即可產生曲線

如果按兩下於鉛筆工具」 上,還會顯示選項視窗,可設定鉛筆的擬真度與平滑度。

以「弧形工具」繪製弧狀線條

在「傳統基本功能」的工作區域裡,各位會在工具中看到如下的線條工具。

「弧形工具」 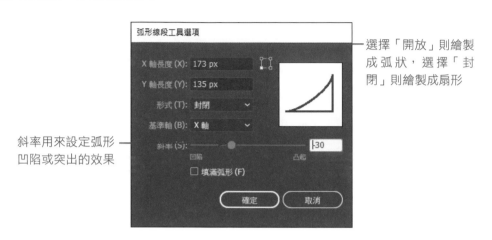 用來繪製弧狀線條，它和「線段區段工具」 一樣是按下滑鼠建立起點位置，拖曳後放開滑鼠，弧狀線條就會產生。繪製時若加按「C」鍵可做為扇形和弧形間的切換。若要進一步控制弧形效果，可按工具鈕兩下，使出現選項視窗。選項視窗如下：

選擇「開放」則繪製成弧狀，選擇「封閉」則繪製成扇形

斜率用來設定弧形凹陷或突出的效果

以「螺旋工具」繪製螺旋狀造形

「螺旋工具」 可畫出順時針或逆時針方向的螺旋狀造型。通常一圈會包含四個區段，然後從螺旋的中心點到最外側的距離之間做比例的衰減。要設定螺旋效果，請在文件上按一下左鍵，即可在如下視窗中做設定。

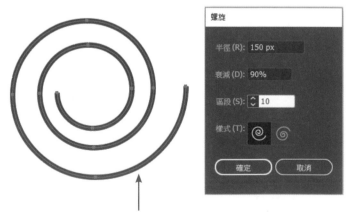

包含 10 個區段，作 90% 衰減的螺旋形

為線條加入虛線與箭頭

繪製的線條，通常透過「控制」面板就可以變更線條的顏色和筆畫寬度，但是如果想要加入箭頭符號，或是想要變換成虛線效果，那就得透過「筆畫」面板來處理。請執行「視窗 / 筆畫」指令使開啟「筆畫」面板。

在預設的狀態下，「筆畫」面板上只會顯示「寬度」的屬性，各位必須由面板右側下拉選擇「顯示選項」指令，才能看到如下的完整面板。

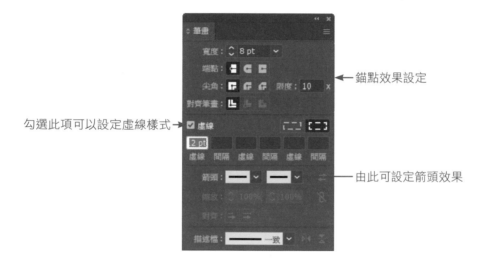

■ 錨點效果設定

「端點」用於設定線條的起始點和結束點的效果，「尖角」則是設定線條轉彎處的效果。

■ 虛線

勾選「虛線」後，可以透過虛線或間隔的設定來產生不同的虛線效果。

■ 箭頭

可以控制起始點與結束點的箭頭效果或縮放比例。

控制箭頭左右兩邊的樣式

控制箭頭左右兩邊的縮放比例

◗ 以「鋼筆工具」繪製直線或曲線區段

「鋼筆工具」 ，可以繪製直線區段，也可以繪製曲線區段。使用方式略有不同，各位可以比較一下。

■ 繪製直線

只要依序按下滑鼠左鍵，即可建立錨點。若將結束點與起點相重疊，則可產生封閉的造型。

❷ 由左而右依序按滑鼠左鍵於三個點上，繪製完成時切換到「選取工具」，即可完成直線區段的繪製

❶ 點選「鋼筆工具」

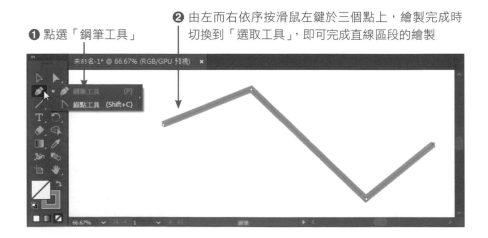

■ 繪製曲線

　　建立第一個錨點後，再按下滑鼠建立第二個錨點時，必須同時做拖曳的動作才能產生曲線，而錨點的左右兩側顯現控制桿和把手，可控制曲線的弧度。若要轉換成尖角，可以加按「Alt」鍵。若將起點與結束點相連接，它就會自動變成封閉的造型。

❶ 點選「鋼筆工具」

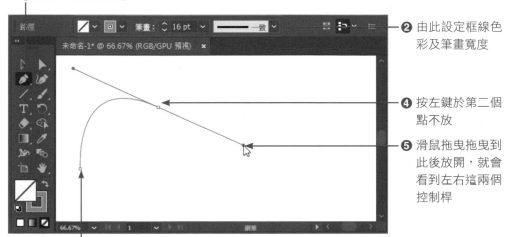

❷ 由此設定框線色彩及筆畫寬度

❹ 按左鍵於第二個點不放

❺ 滑鼠拖曳拖曳到此後放開，就會看到左右這兩個控制桿

❸ 按滑鼠左鍵先建立第一個起始點

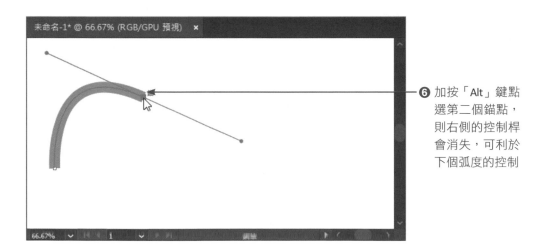

❻ 加按「Alt」鍵點選第二個錨點，則右側的控制桿會消失，可利於下個弧度的控制

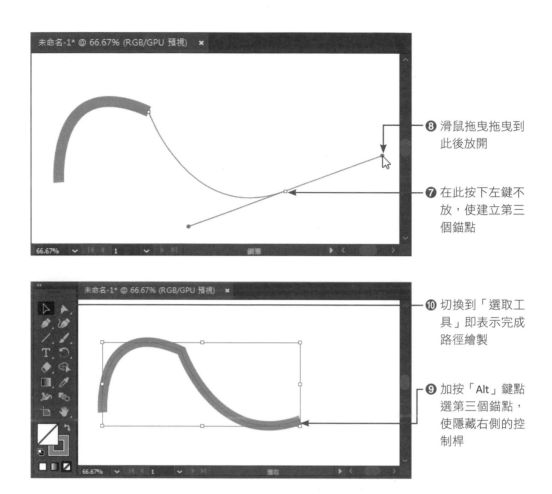

⑧ 滑鼠拖曳拖曳到此後放開

⑦ 在此按下左鍵不放，使建立第三個錨點

⑩ 切換到「選取工具」即表示完成路徑繪製

⑨ 加按「Alt」鍵點選第三個錨點，使隱藏右側的控制桿

🔷 繪製矩形格線

「矩形格線工具」圃 可以繪製如表格般的水平與垂直分隔線。基本上使用者可以先設定好矩形的寬度與高度，再設定寬度或高度間所要加入的分隔線數目。

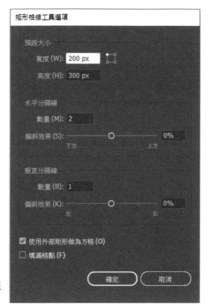

寬度 200，高度 300，水平分隔線
加入 2 條，垂直分隔線加入 1 條

🔹 繪製放射網格

「放射網格工具」◎ 和「矩形格線工具」⊞ 雷同，它可在一個固定寬高的
圓形中間，加入同心圓分隔線和放射狀分隔線，同時可加入偏斜效果的設定。

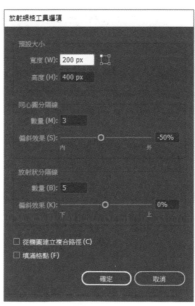

9-2 | 編修線條與輪廓

在繪製線條或封閉路徑後，萬一線條不夠完美，想要加以修改，那麼有幾個工具可以幫助各位做編修。諸如：直接選取工具、增加錨點工具、刪除錨點工具、轉換錨點工具、平滑工具、路徑橡皮擦工具等。

直接選取工具

在前面章節中我們曾經提過，「直接選取工具」 可以針對物件造型進行路徑和錨點的編修，「控制」面板上也有提供錨點的轉換或刪除。

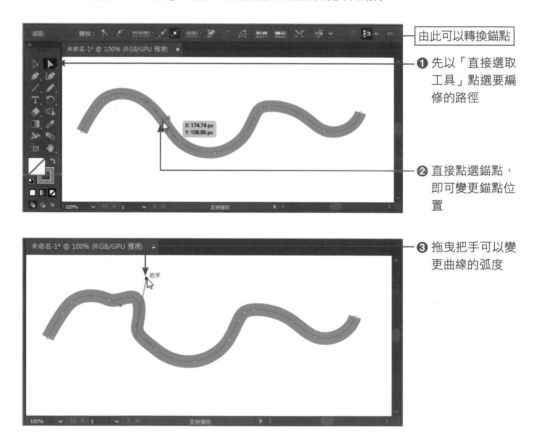

由此可以轉換錨點

❶ 先以「直接選取工具」點選要編修的路徑

❷ 直接點選錨點，即可變更錨點位置

❸ 拖曳把手可以變更曲線的弧度

增加錨點工具

「增加錨點工具」 可在選取的路徑上加入錨點。

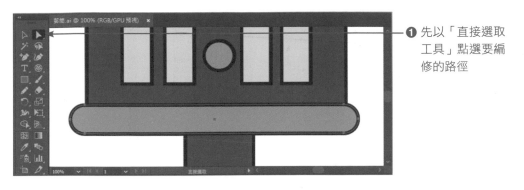

❶ 先以「直接選取工具」點選要編修的路徑

❷ 改選「增加錨點工具」

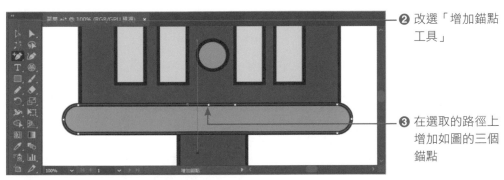

❸ 在選取的路徑上增加如圖的三個錨點

❹ 改選「直接選取工具」

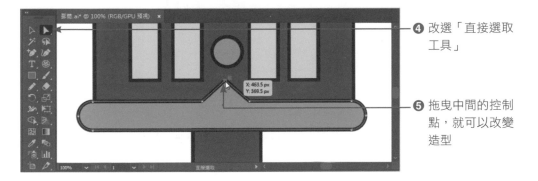

❺ 拖曳中間的控制點，就可以改變造型

◆ 刪除錨點工具

「刪除錨點工具」 的作用在於將點選的錨點去除，作用和「直接選取工具」 控制面板上的 鈕相同。

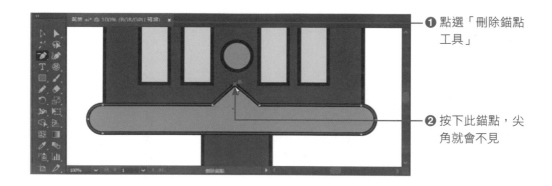

❶ 點選「刪除錨點工具」

❷ 按下此錨點,尖角就會不見

🔹 錨點工具

「錨點工具」 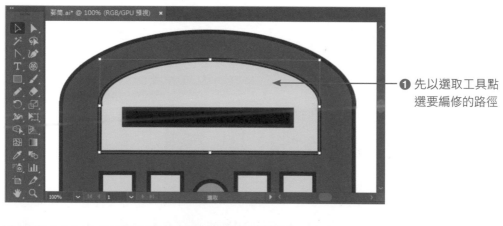 的作用是將平滑的線條,透過錨點的點選而改變成尖角的效果。

❶ 先以選取工具點選要編修的路徑

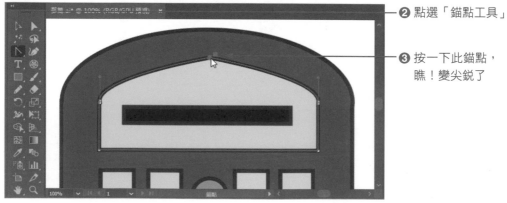

❷ 點選「錨點工具」

❸ 按一下此錨點,瞧!變尖銳了

平滑工具

「平滑工具」 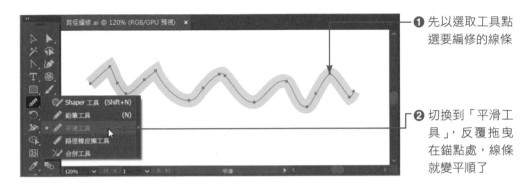 可以讓原先繪製的尖銳線條變得較平滑些,使用時只要利用滑鼠反覆拖曳,即可讓線條變平順。

❶ 先以選取工具點選要編修的線條

❷ 切換到「平滑工具」,反覆拖曳在錨點處,線條就變平順了

路徑橡皮擦工具

「路徑橡皮擦工具」 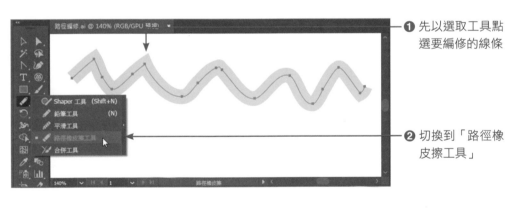 是透過滑鼠拖曳的動作來擦除不要的線條。

❶ 先以選取工具點選要編修的線條

❷ 切換到「路徑橡皮擦工具」

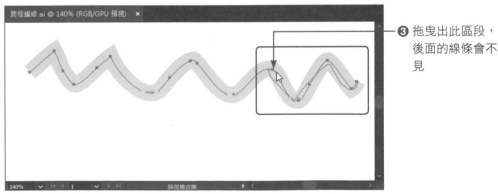

❸ 拖曳出此區段,後面的線條會不見

9-3 | 筆刷效果

前面小節中,各位已經學會了各種線條的繪製方式,接下來要探討的則是 Illustrator 的「筆刷」。「筆刷」功能可以隨意畫出各種特殊線條或圖案,只要透過筆刷資料庫,就能輕鬆選用像是毛刷、沾水筆、圖樣等各種筆刷。這一小節將針對繪圖筆刷工具、筆刷面板以及筆刷資料庫的使用方式做說明。

● 以「繪圖筆刷工具」建立筆觸

由工具點選「繪圖筆刷工具」 ✏ 後,透過「控制」面板即可設定筆畫顏色、筆畫寬度、變數寬度描述檔、筆刷定義、不透明度、或繪圖樣式。

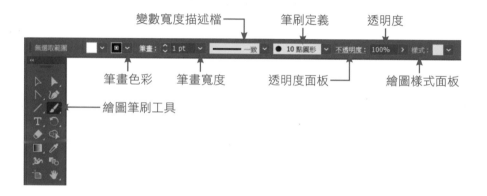

對於控制面板上的筆畫色彩和筆畫寬度的使用,相信各位都相當的熟悉,這裡要利用「筆刷定義」、「變數寬度描述檔」和「筆畫寬度」的設定,來建立與眾不同的筆觸。

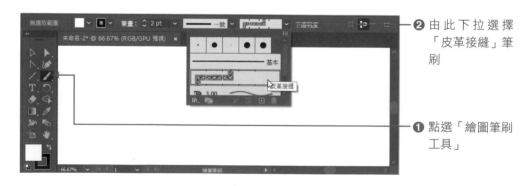

❷ 由此下拉選擇「皮革接縫」筆刷

❶ 點選「繪圖筆刷工具」

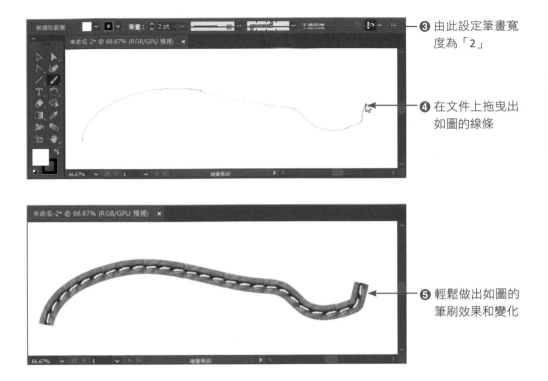

❸ 由此設定筆畫寬
度為「2」

❹ 在文件上拖曳出
如圖的線條

❺ 輕鬆做出如圖的
筆刷效果和變化

認識筆刷面板

　　剛剛輕鬆的在文件上畫上一筆，就出現這樣特別的圖案，那麼到底有哪些已經定義好的筆刷可以使用呢？請各位先執行「視窗 / 筆刷」指令來開啟「筆刷」面板，各位會發現它所存放的筆刷樣式就和「控制」面板上的「定義筆刷」完全相同。

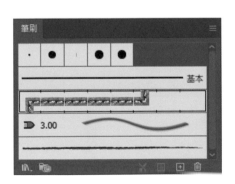

開啟筆刷資料庫

在預設狀態下，「筆刷」面板上所定義的筆刷並不多，不過各位可以透過「筆刷資料庫選單」 鈕來開啟各種的筆刷資料庫。開啟方式如下：

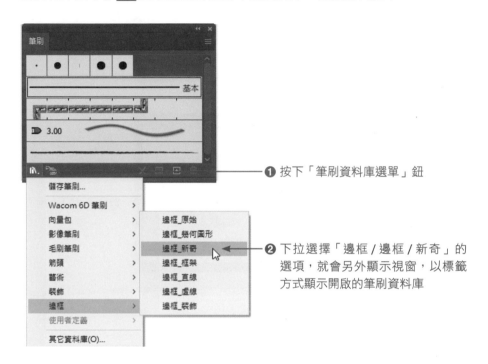

❶ 按下「筆刷資料庫選單」鈕

❷ 下拉選擇「邊框 / 邊框 / 新奇」的選項，就會另外顯示視窗，以標籤方式顯示開啟的筆刷資料庫

套用筆刷資料庫

開啟筆刷資料庫後，現在可以準備將想要使用的筆刷樣式套用到指定的路徑當中。

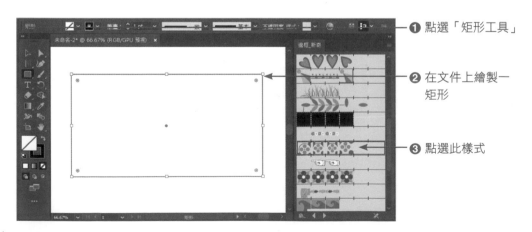

❶ 點選「矩形工具」

❷ 在文件上繪製一矩形

❸ 點選此樣式

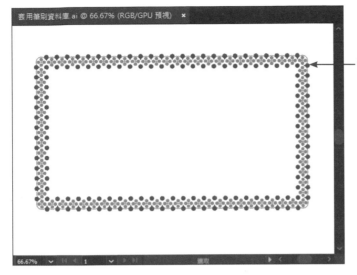

❹ 矩形框輕鬆套用了藝術花草圖飾

　　同樣地，各位也可以使用鉛筆工具、繪圖筆刷工具、鋼筆工具、線段區段工具、弧形工具、螺旋工具等來繪製任何的路徑。因為只要是路徑，就可以透過以上的方式來套用筆刷資料庫中的筆刷樣式，而「筆畫寬度」則是設定樣式的筆觸粗細。

筆畫寬度為「1」的效果

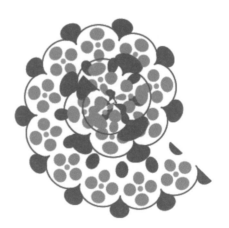

筆畫寬度為「3」的效果

MEMO.

色彩的應用

在前面的章節中，各位對於單色的填色或筆畫應該相當的熟悉，事實上物件的填色或筆畫並不侷限在單色，也可以填入漸層色或圖樣，或是利用漸變特效來做顏色的漸變或物件的漸變，也可以利用「網格工具」來做顏色的變化，甚至不同的物件也可以利用「即時上色油漆桶工具」來快速填入色彩。各位不用太訝異，這些技巧都會在本章中做介紹，學完本章後你也會是用色的專家唷！

10-1 | 單色與漸層

在前面的學習過程中，各位已經習慣由「工具」面板或「控制」面板來挑選顏色，事實上顏色的選擇還可以透過「顏色」面板、「色票」面板或「色彩參考」面板，而漸層的色彩使用則可以透過「漸層」面板來選擇。這裡一起來瞧瞧這些面板的使用方法。

🔵 顏色面板

執行「視窗 / 顏色」指令開啟「顏色面板」。當各位利用滑鼠在光譜上點選顏色，該色彩也會自動顯示在「工具」面板或「控制」面板上。

❶ 工具上先點選填色或 →　 　 　❷ 在「顏色」面板上所
　筆畫的色塊　　　　　　　　　　　　　　　　　　　　　　　點選的色彩，就會自
　　　　　　　　　　　　　　　　　　　　　　　　　　　　動顯示在點選的填色
　　　　　　　　　　　　　　　　　　　　　　　　　　　　或筆畫色塊中

預設狀態是顯示如上的簡潔狀態，若要顯示顏色的相關選項，可在「顏色」標籤前按下 ◈ 鈕，或由面板右上角按下 ☰ 鈕，並執行「顯示選項」的指令，即可看到如下的完整選項。

色票面板

「色票」面板存放著各種的單色、漸層或圖樣的色票，以滑鼠點選色票，即可將選定的單色、漸層、圖樣填入指定的路徑中。

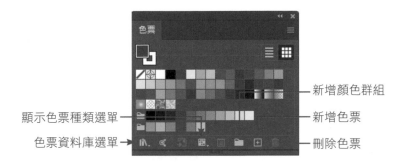

顯示色票種類選單 ——————
色票資料庫選單 ——→

—— 新增顏色群組
—— 新增色票
—— 刪除色票

除了目前所看到的色票外，各位也可以由「色票資料庫選單」 中下拉選擇其他的色票來使用，設定方式如下：

❶ 按下此鈕 →

❷ 下拉選擇資料庫的名稱，它會另外開啟面板，以標籤方式顯示所開啟的色票資料庫

色彩參考面板

參考面板主要根據使用者所選擇的色彩，然後依據色彩調和規則，列出相關的色彩供使用者參考或選用。

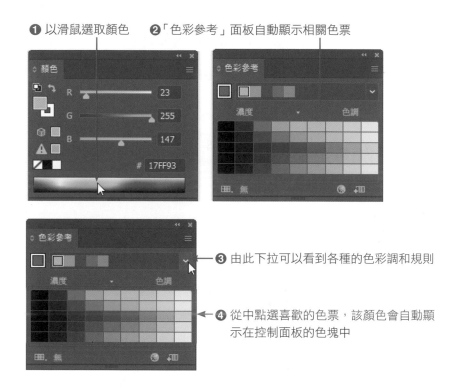

❶ 以滑鼠選取顏色　❷「色彩參考」面板自動顯示相關色票

❸ 由此下拉可以看到各種的色彩調和規則

❹ 從中點選喜歡的色票，該顏色會自動顯示在控制面板的色塊中

漸層面板

「漸層」面板提供「線性」與「放射狀」兩種類型的漸層方式，可針對填色或筆畫進行漸層設定。執行「視窗 / 漸層」指令，將可看到如下的面板選項。

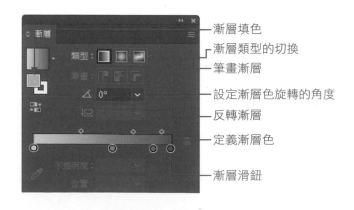

漸層填色

漸層類型的切換

筆畫漸層

設定漸層色旋轉的角度

反轉漸層

定義漸層色

漸層滑鈕

這裡以紅黃兩色的放射狀漸層做說明，其設定方式如下：

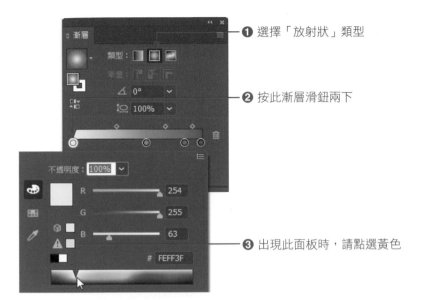

❶ 選擇「放射狀」類型

❷ 按此漸層滑鈕兩下

❸ 出現此面板時，請點選黃色

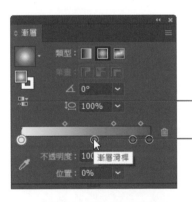

❹ 瞧！顏色由白色變更為黃色了

❺ 拖曳中間的兩個漸層滑鈕到下方，使之刪除滑鈕

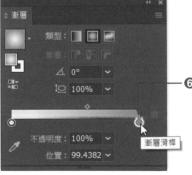

❻ 按此漸層滑鈕兩下，同上方式選擇橘色

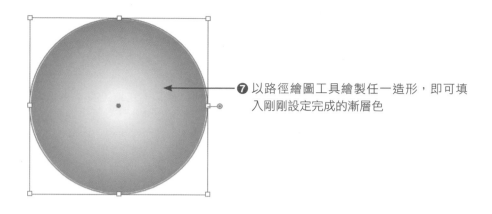

❼ 以路徑繪圖工具繪製任一造形，即可填入剛剛設定完成的漸層色

　　如果想要為線框填入漸層色彩，只要按一下「筆畫」，再設定想要使用的漸層效果就行了。

10-2 │ 自訂與填入圖樣

　　在「色票」面板中也有存放圖樣，只要點選圖樣的色票，即可填入路徑中。

❶ 選取路徑造形

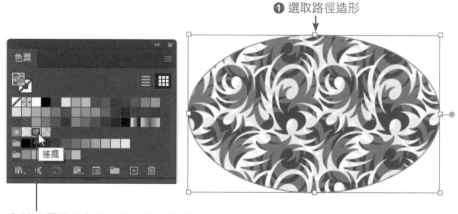

❷ 按下圖樣的色票，即可填入圖樣

　　「色票」面板中所預設的色票並不多，不過可以自行設定所要的圖案樣式。只要設定好基本圖形，利用「物件 / 圖樣 / 製作」指令，就可以將設計好的圖樣存入色票中。

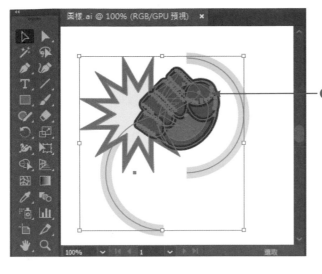

❶ 以「選取工具」選取
基本形,執行「物件 /
圖樣 / 製作」指令

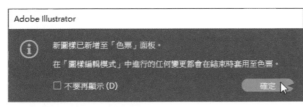

❷ 顯示如圖的警告視窗,
按「確定」鈕離開

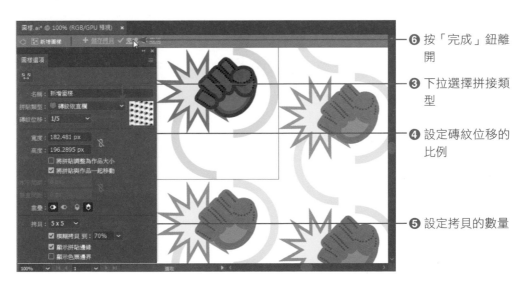

❻ 按「完成」鈕離
開

❸ 下拉選擇拼接類
型

❹ 設定磚紋位移的
比例

❺ 設定拷貝的數量

❼ 色票中已經出現了剛剛製作的圖樣

10-3 | 形狀與顏色的漸變

　　想要讓圖形由某個造型漸變到另一個造型，或是要讓某個顏色漸變到另一個顏色，那麼「漸變工具」 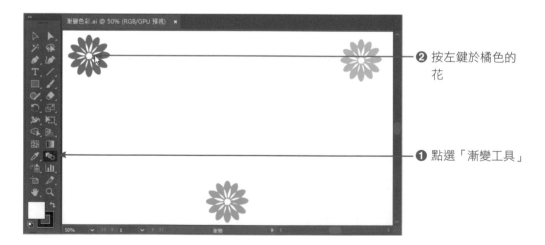 就是最佳的選擇，只要點選「漸變工具」後，依序點選造形或色彩，就可以顯示漸變效果，而按滑鼠兩下在「漸變工具」上，還可以設定漸變的選項。

🡆 顏色的漸變

　　這裡以三朵花來說明色彩的漸變設定：

❷ 按左鍵於橘色的花

❶ 點選「漸變工具」

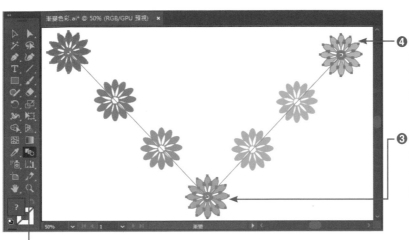

④ 再按一下綠色的花，就會再看到藍色與綠的顏色變化

③ 再按一下藍色的花，就會看到橙色和藍色的顏色變化

⑤ 按滑鼠兩下於「漸變工具」

⑥ 下拉選擇「指定階數」，並輸入數值

⑦ 勾選此項，可以預視畫面效果

⑧ 按「確定」鈕離開

⑨ 完成漸變的色彩設定

形狀的漸變

同樣地，如果是兩個不同造型的物件，點選「漸變工具」 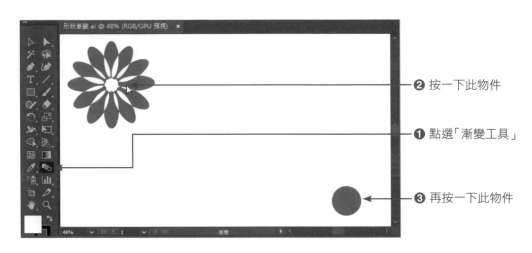 後，再依序點選兩個造型，一樣可以產生漸變的效果。

❷ 按一下此物件

❶ 點選「漸變工具」

❸ 再按一下此物件

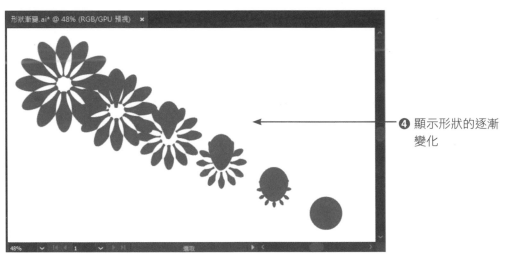

❹ 顯示形狀的逐漸變化

10-4 | 漸層網格

網格漸層是在造形上加入網狀的格線，並於交叉的格點（錨點）上加入其它的色彩，使產生漸層的變化效果。由於錨點的位置可以任意的移動位置，對於漸層的變化更易於掌控。要建立漸層網格的方式有兩種，一種是選擇「物件 / 建立漸層網格」指令，另一種則是利用「網格工具」  來處理。

🠖 建立漸層網格

首先使用「物件 / 建立漸層網格」指令來建立漸層網格。

❶ 點選要加入漸層網格的物件，然後執行「物件 / 建立漸層網格」指令，使進入下圖視窗

❷ 輸入想要加入的橫欄與直欄數目

❸ 設定外觀的方式，有「至中央」、「平坦」、「至邊緣」三種選擇

❹ 設定反白的程度

❺ 按下「確定」鈕離開

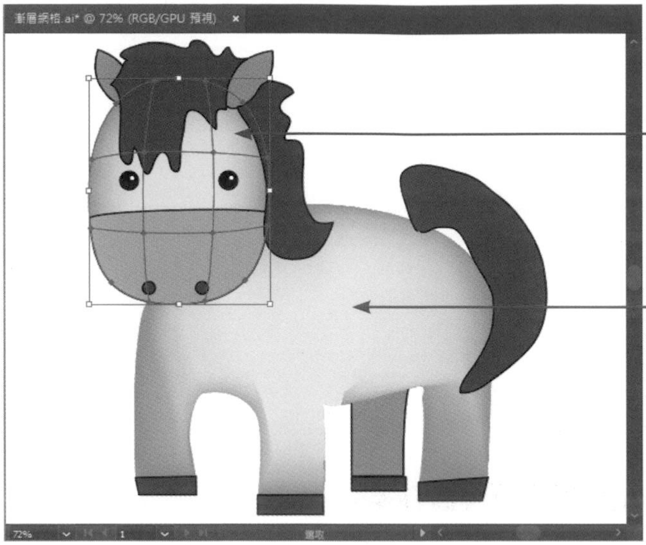
漸層網格.ai* @ 72% (RGB/GPU 預視)
❻ 瞧！建立臉部的漸層變化
❼ 以同樣方式完成馬身的漸層設定

透過此功能，漸層變化會由原先設定的色彩漸層到白色，如果加入漸層後想要調整格漸層的變化，可以使用「直接選取工具」 來移動格點（錨點）位置，或是調整把手的位置。如圖示：

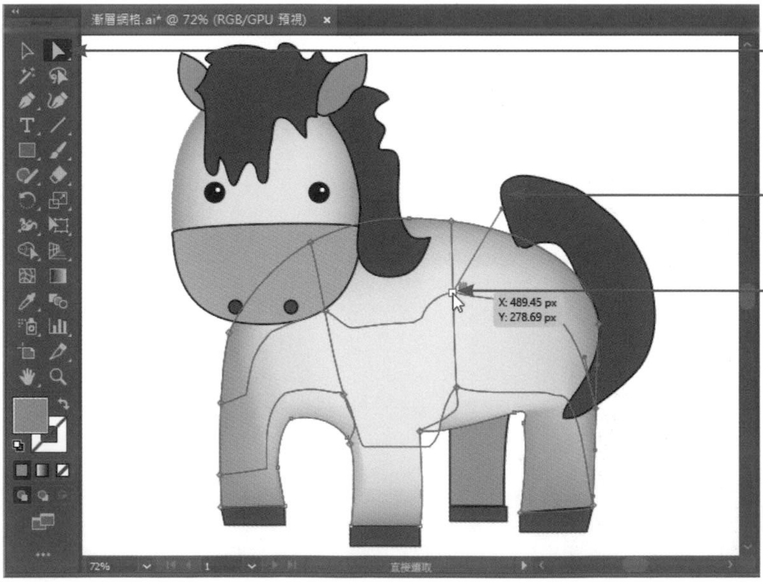
漸層網格.ai* @ 72% (RGB/GPU 預視)
❶ 點選「直接選取工具」
❸ 拖曳把手可以調整弧度
❷ 按下錨點可以調整位置
X: 489.45 px
Y: 278.69 px

🔜 網格工具

假如各位選用「網格工具」![icon]，那麼在按下滑鼠的地方就會自動加入格線與格點（錨點），在錨點上即可加入其他色彩。設定方式如下：

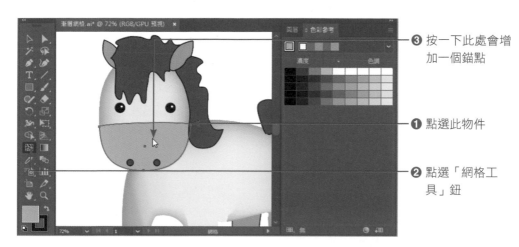

❸ 按一下此處會增
　加一個錨點

❶ 點選此物件

❷ 點選「網格工
　具」鈕

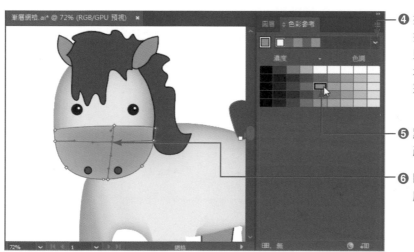

❹ 按此下拉可以選
　擇色彩調和規
　則，並於下方顯
　示相關的參考色
　彩

❺ 點選想要使用的
　顏色

❻ 瞧！錨點上顯示
　所設定的顏色了

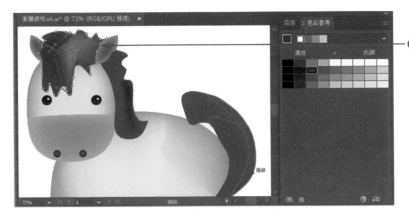

❼ 以同樣方式依序
為馬鬃、馬尾、
馬耳朵、馬蹄加
入漸層網格

10-5 | 即時上色

　　有時候繪製的造型並非封閉的路徑,而是由多個開放路徑所繪製而成,像這樣
的狀況如果要填滿色彩,就得考慮利用「即時上色油漆桶」 工具來處理。

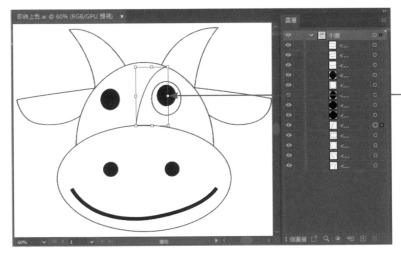

瞧!牛角、耳朵和
目前選取的分隔線
都是開放的路徑,
無法填滿色彩

現在請選取整個造型，點選「即時上色油漆桶」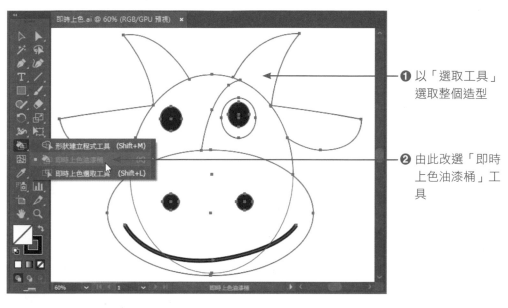工具，然後跟著筆者的腳步進行顏色的填入。

❶ 以「選取工具」選取整個造型

❷ 由此改選「即時上色油漆桶」工具

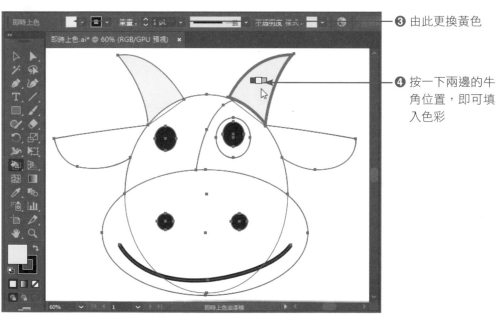

❸ 由此更換黃色

❹ 按一下兩邊的牛角位置，即可填入色彩

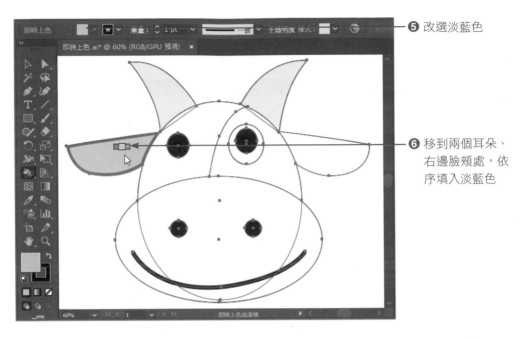

❺ 改選淡藍色

❻ 移到兩個耳朵、右邊臉頰處，依序填入淡藍色

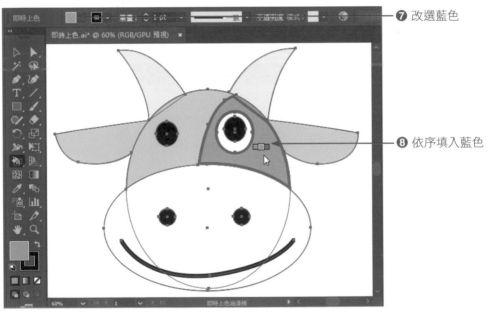

❼ 改選藍色

❽ 依序填入藍色

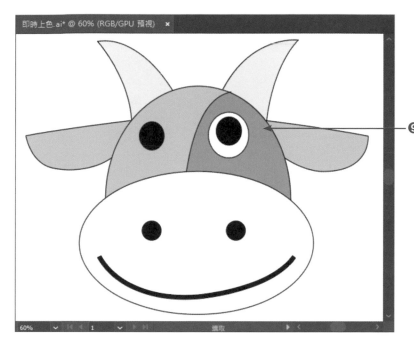

⑨ 取消選取時，即可看到完整的填色效果

MEMO .

文字的設定 /
變形 / 效果

文字在廣告文宣中佔有舉足輕重的地位,任何產品的優點都得靠文字來說明或強調,因此必須要好好的研究它。本章中將學到文字的各種建立方式,同時學習字元或段落文字的設定、文字的變形、文字特效等功能,讓各位輕鬆駕馭文字效果的設定。

11-1 | 文字建立方式

要在 Illustrator 中建立文字，你有如下幾種工具可以選用，不管是直排文字、橫排文字、路徑文字、區域中的文字，都可以在工具鈕中選用。

建立標題文字

想要在文件中加入直排或橫排的標題文字，只要點選「文字工具」 T 或「垂直文字工具」 ↓T，再到文件上按下左鍵，即可輸入標題文字。

❶ 點選「文字工具」

❷ 文件上會出現預設的文字方塊

❹ 若要更換文字顏色可由此作修正

❸ 選取文字方塊，即可輸入文字

利用此方式建立文字時，若沒有按下「Enter」鍵換行，文字將會繼續延伸下去喔！

🔹 建立段落文字

　　如果要在特定的範圍內建立文字，可以先用滑鼠拖曳出文字的區域範圍，再於輸入點中輸入所需的文字，而文字到了邊界時就會自動換行。

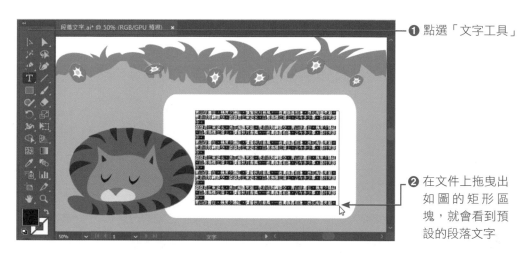

❶ 點選「文字工具」

❷ 在文件上拖曳出如圖的矩形區塊，就會看到預設的段落文字

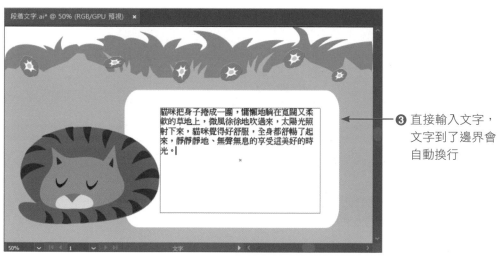

❸ 直接輸入文字，文字到了邊界會自動換行

　　以此方式建立的段落文字，只要拖曳邊框的控制點，文字內容就會重新排列，以順應邊框的大小。

建立區域文字

如果想將段落文字放在特殊的路徑中，可以選用「區域文字工具」 ⊤ 或「垂直區域文字工具」 ⊤ 來處理，只要選用工具後再點選一下路徑，輸入的文字就會在路徑之中。

❶ 點選「垂直區域文字工具」

❷ 按一下路徑，路徑中會出現的預設的段落文字貓咪

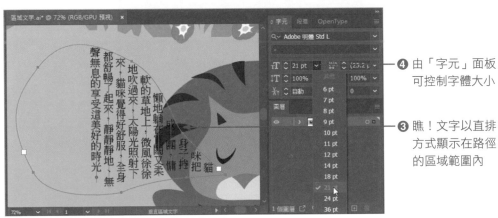

❹ 由「字元」面板可控制字體大小

❸ 瞧！文字以直排方式顯示在路徑的區域範圍內

建立路徑文字

除了區域範圍內可放置文字內容，也可以將文字放在特定的路徑中，只要選用「路徑文字工具」 ✓ 或「直式路徑文字工具」 ✓ 就可以辦到。

❶ 點選「路徑文字
工具」

❷ 按一下此路徑，
使出現文字輸入
點

❸ 輸入或貼入文
字，即可看到文
字延著路徑排列

萬一文字內容與路徑的長度沒有配合好，想要重新調整路徑的長度，可利用
「直接選取工具」 調整錨點的位置。

11-2 │ 文字設定

文字建立後，各位可以透過「控制」面板來調整文字顏色或框線色彩，也可以
利用「視窗／文字／字元」和「視窗／文字／段落」指令開啟「字元」面板與「段
落」面板來使用。此處就針對這三部分來做說明。

以「控制」面板設定文字

控制面板上所提供的功能按鈕如下：

文字顏色

字元面板　對齊面板

框線顏色　筆畫寬度　不透明度　段落面板　變形面板

直接按在「字元」、「段落」、「對齊」或「變形」等文字上可開啟該面板。另外，也可以在「控制」面板上加入筆畫色彩和寬度，對於標題字的設定，也有加強的效果喔！

瞧！文字框線設定完成

　　如果各位電腦中沒有特殊的字形，又想要讓文字看起來較有份量，也可以考慮將文字的填色與筆畫設為相同的色彩，如圖示：

微軟正黑體，無框線

文字設計
文字設計

微軟正黑體，框線與文字同顏色，筆畫寬度設為「4」

⬤ 以「字元」面板設定字元

執行「視窗 / 文字 / 字元」指令，或在「控制」面板上按下「字元」，都可以開啟「字元」面板。

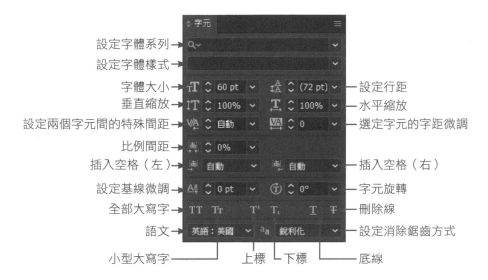

使用時請先用滑鼠將要做字元設定的文字選取起來，再由面板中選擇要設定的字元格式就行了。

⬤ 以「段落」面板設定段落

「段落」面板多用在多段的文章中，用以設定文字對齊的方式、段落與段落之間的距離、或是縮排狀態。執行「視窗 / 文字 / 段落」指令，或在「控制」面板上按下「段落」，皆可開啟「段落」面板。

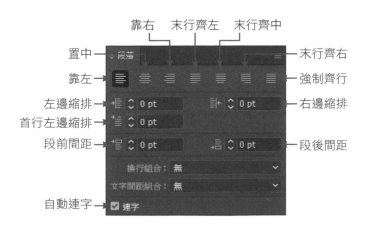

▌11-3 ｜ 文字的變形處理

　　文字除了正常的設定文字格式外，也可以將文字作傾斜 / 旋轉的變形處理，或是利用封套 / 網格作變形，甚至是建立成外框，以便做外輪廓的變形。這一小節就針對變形的相關指令做介紹。

🔷 文字變形

　　由「控制」面板上按下「變形」鈕，可在視窗中設定文字的旋轉角度或傾斜角度，另外也可以自行輸入特定的寬度或高度來做壓扁或拉長的變形處理。

「變形」面板中的「旋轉」功能與「字元」面板中的「字元旋轉」功能不同，前者是整排文字做特定角度的旋轉，後者則是個別字元作旋轉。如圖示：

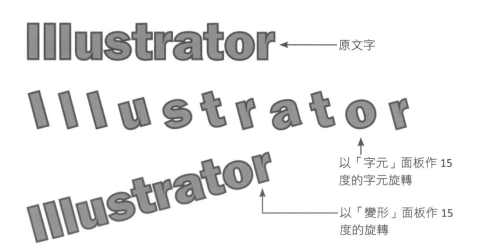

原文字

以「字元」面板作 15 度的字元旋轉

以「變形」面板作 15 度的旋轉

封套扭曲文字

要將文字作彎曲變形，Illustrator 提供兩種方式：一個是利用彎曲的封套製作，另一個是利用網格製作，各位可以透過「控制」面板做選擇。

■ 以彎曲製作

以「選取工具」點選文字後，在「控制」面板上按下 鈕，將會顯現「彎曲選項」視窗，可透過弧形、拱形、凸形、旗形、波形、魚形、魚眼、膨脹、擠壓、螺旋等各種預設樣式，來為文字作水平或垂直方向的扭曲變形。您也可以執行「物件 / 封套扭曲 / 以彎曲製作」指令來開啟「彎曲選項」的視窗喔！

❷ 按下此鈕

❶ 以「選取工具」選取文字

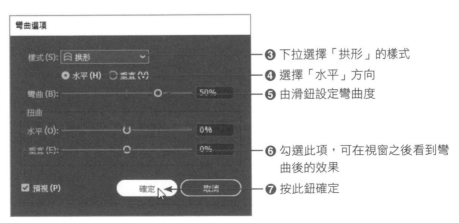

❸ 下拉選擇「拱形」的樣式

❹ 選擇「水平」方向

❺ 由滑鈕設定彎曲度

❻ 勾選此項，可在視窗之後看到彎曲後的效果

❼ 按此鈕確定

❽ 直排文字變拱形了

■ 以網格製作

在「控制」面板的  鈕下拉點選「以網格製作」的選項，將會顯示「封套網格」的視窗，可自行設定直／橫欄的網格數，再透過錨點即可變形文字。方式如下：

❷ 按下此鈕，並下拉選擇「以網格製作」的選項

❶ 以「選取工具」選取文字

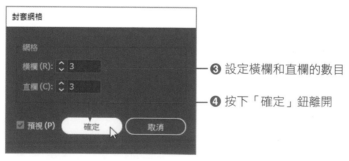

❸ 設定橫欄和直欄的數目

❹ 按下「確定」鈕離開

❺ 點選「直接選取工具」

❻ 拖曳錨點即可變形文字

文字建立外框

除了上述利用「控制」面板來做文字的變形外，執行「文字 / 建立外框」指令會將文字轉換成路徑，如此就可以利用「直接選取工具」來變更路徑或錨點位置。

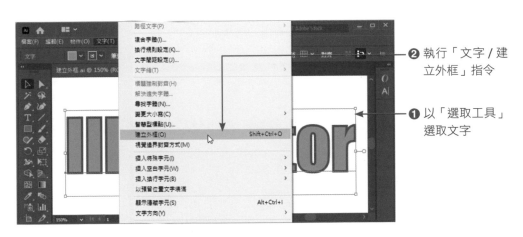

❷ 執行「文字 / 建立外框」指令

❶ 以「選取工具」選取文字

❸ 改選「直接選取工具」

❹ 拖曳錨點，即可變形文字

11-4 | 文字效果

　　這個小節將介紹一些文字效果的處理，以往這些效果都必須利用 3D 程式或繪圖軟體才能做得到的變化，現在 Illustrator 也可以輕鬆作到喔！諸如：3D 文字、外光暈、陰影等。現在就為各位介紹一些效果，其餘的請自行嘗試。

3D 文字

　　「效果 / 3D / 突出與斜角」功能可將選取的文字變成立體文字。

❷ 執行「效果 / 3D / 突出與斜角」指令

❶ 點選文字

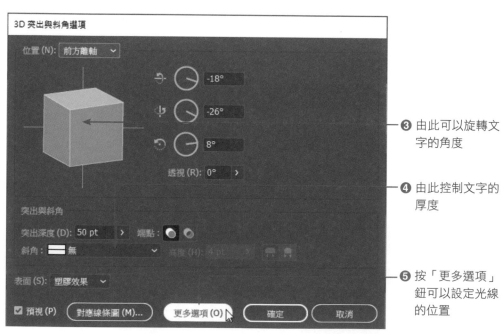

❸ 由此可以旋轉文字的角度

❹ 由此控制文字的厚度

❺ 按「更多選項」鈕可以設定光線的位置

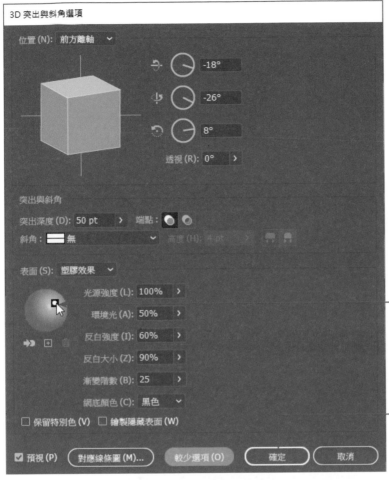

❻ 拖曳此處可以調整光線照射的位置

❼ 設定完成，按「確定」鈕離開

❽ 輕鬆完成立體文字

外光暈 / 陰影

「效果 / 風格化 / 外光暈」指令，可透過模式、不透明度、模糊度、色彩的設定，來產生向外的光暈效果。

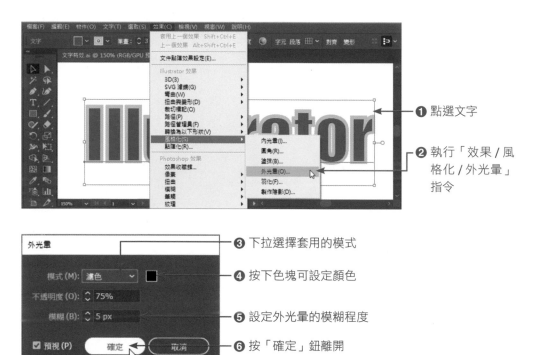

❶ 點選文字

❷ 執行「效果 / 風格化 / 外光暈」指令

❸ 下拉選擇套用的模式

❹ 按下色塊可設定顏色

❺ 設定外光暈的模糊程度

❻ 按「確定」鈕離開

❼ 顯示外光暈的效果

效果收藏館

在 Illustrator 中也可以輕鬆使用 Photoshop 中的特效，「效果」功能表中的「Photoshop 效果」不僅可以應用到點陣圖上，也可以使用在向量圖形或文字上。Photoshop 效果包含了像素、扭曲、模糊、筆觸、紋理、素描、藝術風等各種的類別，由於功能和 Photoshop 軟體中的「濾鏡」功能相同，使用介面也相同，限於篇幅的關係，這裡僅示範「效果收藏館」的使用技巧，讓特效可以輕鬆加諸在文字上。

❶ 點選文字物件

❷ 執行「效果／效果收藏館」指令使進入下圖視窗

❺ 設定完成按下「確定」鈕離開

❹ 由此調整效果的屬性

❸ 點選想要套用的效果

❻ 文字加入紋理化的效果了

MEMO

12

創意符號 / 3D / 圖表

在 Illustrator 軟體裡，除了提供從無到有做造形的繪製 / 編修外，也內建各種的符號資料庫，諸如：3D 符號、圖表、自然、花朵、手機、慶祝、網頁按鈕和橫條、流行等多達二十多種資料庫。只要開啟資料庫後，就可以從裡面選用想要的造型圖案，而且還可以針對畫面需要來對加入的符號進行壓縮、旋轉、縮放、著色等處理，讓使用者可以輕鬆運用符號。此外，想要製作各種的統計圖表也並非難事，因為工具箱裡提供了各種的工具可供使用者選用！

12-1 | 創意符號的應用

在 Illustrator 軟體中，有一項很特別的工具「符號噴灑器工具」，它可以將軟體裡內建的符號噴灑出來，再利用相關工具做縮放、壓縮、旋轉、著色，就可以快速組合畫面。如下圖所示，餐桌上豐盛的壽司菜餚，都是運用「壽司」符號資料庫做出來的，完成這一張畫面只需幾分鐘的時間，就可以從無到有建立完成。

瞧！餐桌上豐盛的壽司菜餚，都是運用「壽司」符號資料庫做出來的

🔘 開啟符號資料庫

想要使用 Illustrator 的創意符號，首先要將「符號」面板叫出來，請執行「視窗 / 符號」指令，即可看到如下的「符號」面板。

🔘 載入符號資料庫

各位可別以為「符號」面板中只有這些簡單的符號，事實上要選用或開啟符號資料庫，必須按下面板左下角的 📁 鈕，或是從右上角 ≡ 鈕做選擇。現在我們試著由 📁 鈕來開啟「自然」符號資料庫。

❸ 自動顯示另一個面板，「自然」以標籤頁顯示，下
　方則顯示所有的自然符號

❶ 按下此鈕

❷ 下拉選擇「自然」的選項

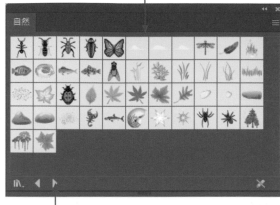

❹ 按下此鈕載入下一個符號資料庫

　　如果各位想要載入其他的符號資料庫，可在此面板下方按下往前或往後的箭頭
符號。

符號噴灑器工具

　　開啟符號資料庫後，接下來可以選用「符號噴灑器工具」 來進行噴灑。各
位可以利用滑鼠拖曳的方式，也可以按左鍵的方式來加入符號，它會自動變成一
個符號組；如果同一個符號要做成多個不同的符號組，以方便位置的編排，可在
前一個符號組取消選取後，再進行噴灑的動作就可以了。

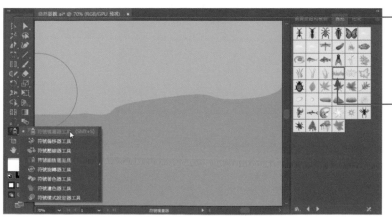

❶ 由 此 下 拉 點 選
　「符號噴灑器工
　具」

❷ 點選「草 4」的
　符號

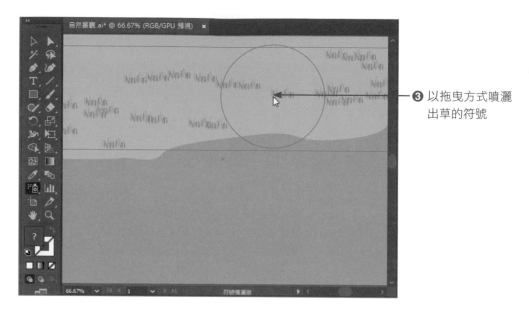

❸ 以拖曳方式噴灑
出草的符號

各位可以取消工具的選取後，重新點選「符號噴灑器工具」再拖曳滑鼠又可噴灑出另一組符號組。依此技巧，即可在圖層上加入多組的符號組，而且選取符號組還可個別移動其位置。透過這樣的方式，設計者可以快速在文件上加入自己喜歡的符號，兩三下就可以輕鬆完成一幅自然的景觀畫面。

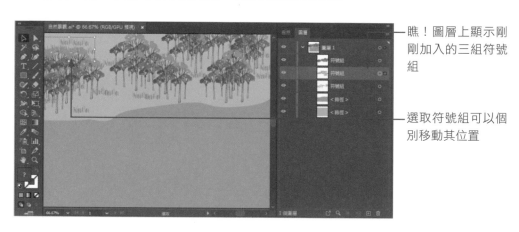

瞧！圖層上顯示剛剛加入的三組符號組

選取符號組可以個別移動其位置

符號調整工具

　　雖然畫面很快就可以完成，但是噴灑出來的圖形似乎都一樣大，而且色彩也相同，如果你有這樣的感受的話，那麼就利用以下幾個工具來做調整吧！

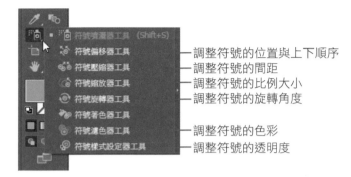

- 符號資灑器工具 (Shift+S)
- 符號偏移器工具 ——— 調整符號的位置與上下順序
- 符號壓縮器工具 ——— 調整符號的間距
- 符號縮放器工具 ——— 調整符號的比例大小
- 符號旋轉器工具 ——— 調整符號的旋轉角度
- 符號著色器工具 ——— 調整符號的色彩
- 符號濾色器工具 ——— 調整符號的透明度
- 符號樣式設定器工具

　　要使用這些調整工具非常簡單，只要點選符號組後，再點選要調整的工具鈕，然後以滑鼠按壓在想要調整的符號上，該符號就可以做調整。這裡就以「符號縮放器工具」和「符號著色器工具」為各位做示範說明。

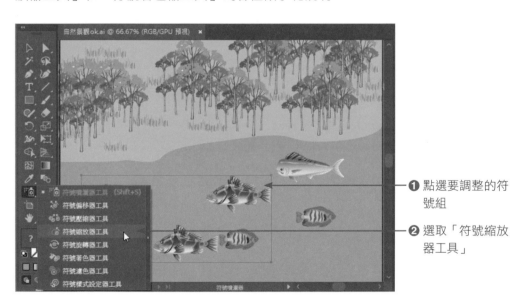

❶ 點選要調整的符號組

❷ 選取「符號縮放器工具」

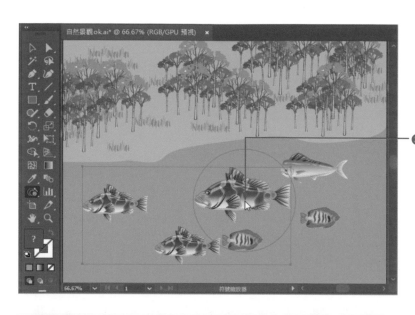

❸ 按壓滑鼠左鍵兩次，該魚就變大了（若要縮小就加按「Alt」鍵按壓符號）

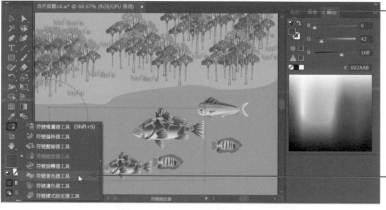

❺ 開啟「顏色」面板，設定想要使用的色彩

❹ 改選「符號著色器工具」

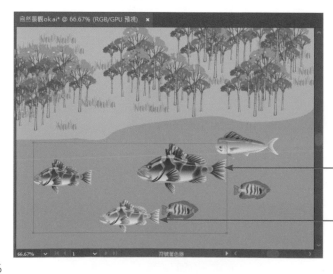

❻ 按壓一下滑鼠，魚就變成藍色調了

❼ 同上方是可改變為綠色魚

透過這樣的方式可以輕鬆修正樹木或魚的大小，或是改變它們的顏色，相當方便。其餘的工具請各位自行嘗試看看。

12-2 | 建立 3D 物件

Illudtrator 也可以像 3D 繪圖軟體一樣建立簡單的 3D 物件，如此一來不用為了簡單的 3D 物件而必須多次往返於各軟體間，增加製作的難度。Illustrator 的建立 3D 圖形方式和一般的 3D 軟體一樣，都是利用突出、迴轉、旋轉等方式來產生 3D 物件，這一小節將針對常用的 3D 圖形的建立方式為各位作說明。

◉ 以「突出與斜角」方式建立 3D 物件

首先介紹的是將 2D 平面的曲線圖形，利用增加深度的方式而快速延展成 3D 物件。這種製作方式稱之為「Extrude」，在 Illustrator 中是利用「效果 / 3D / 突出與斜角」的指令來製作。設定方式如下：

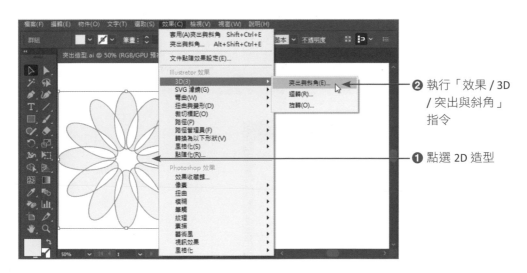

❷ 執行「效果 / 3D / 突出與斜角」指令

❶ 點選 2D 造型

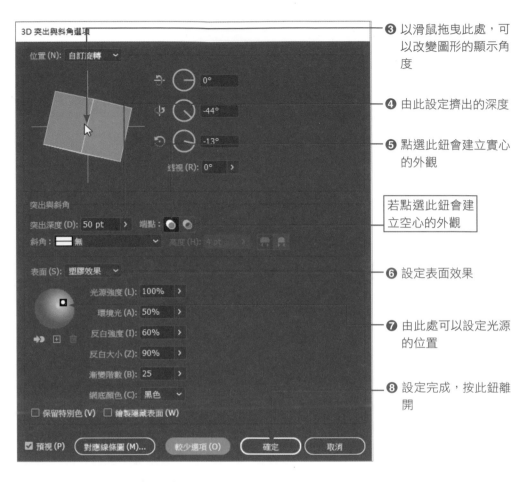

❸ 以滑鼠拖曳此處,可以改變圖形的顯示角度

❹ 由此設定擠出的深度

❺ 點選此鈕會建立實心的外觀

若點選此鈕會建立空心的外觀

❻ 設定表面效果

❼ 由此處可以設定光源的位置

❽ 設定完成,按此鈕離開

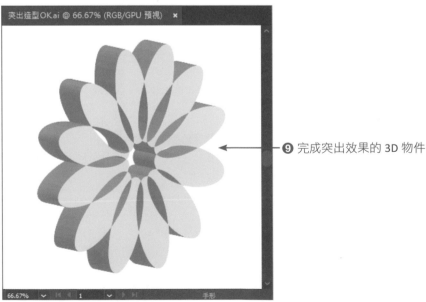

❾ 完成突出效果的 3D 物件

⬤ 以「迴轉」方式建立 3D 物件

在 3D 軟體中有一種「Lathe」的建模方式，它是先繪製物件半側曲線的造型，接著利用物件中心為基準將模型旋轉建構出來。Illustrator 軟體裡也提供這樣的建構方式，只要以鋼筆工具繪製好路徑，即可利用「效果 / 3D / 迴轉」指令來建構模型。設定方式如下：

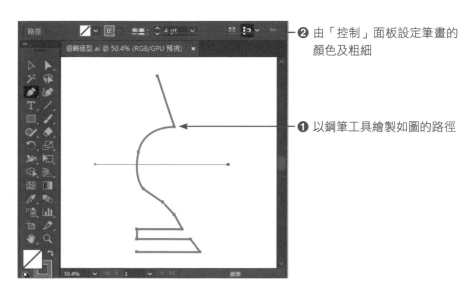

❷ 由「控制」面板設定筆畫的顏色及粗細

❶ 以鋼筆工具繪製如圖的路徑

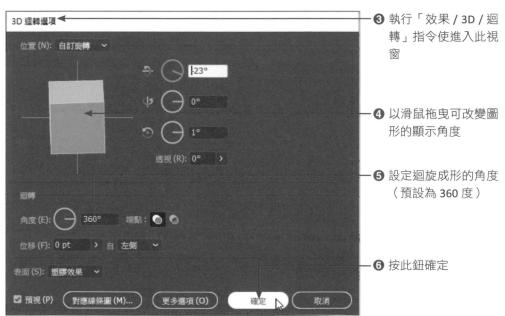

❸ 執行「效果 / 3D / 迴轉」指令使進入此視窗

❹ 以滑鼠拖曳可改變圖形的顯示角度

❺ 設定迴旋成形的角度（預設為 360 度）

❻ 按此鈕確定

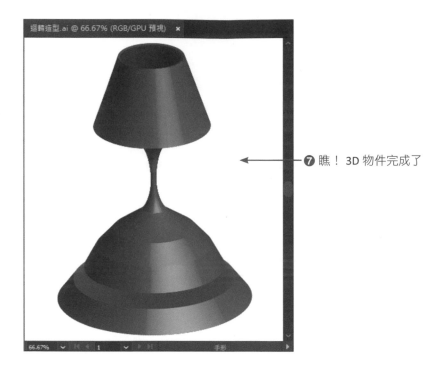

❼ 瞧！3D 物件完成了

12-3 | 圖表建立與編修

　　Illustrator 中要建立圖表的方式有兩種：一種是從無到有在 Illustrator 中輸入資料，另一種則是將現有的檔案透過「讀入資料」的功能讀入 Illustrator 中。不管各位要建立哪一種類型的圖表，只要由工具箱中點選想要建立的圖表鈕，再到文件上拖曳出圖表的區域範圍，於資料表中建立資料後離開，圖表就可以建立成功。要注意的是，以滑鼠拖曳圖表範圍時，其區域範圍並不包括座標及圖說部分喔！

➲ 讀入資料

　　在 Illustrator 中可以將文字檔的圖表資料讀入，由於只能支援文字資料，如果原先的資料為 Excel 檔，請利用「檔案 / 另存新檔」指令將存檔類型更換為「文字檔（Tab 字元分隔）」就行了。

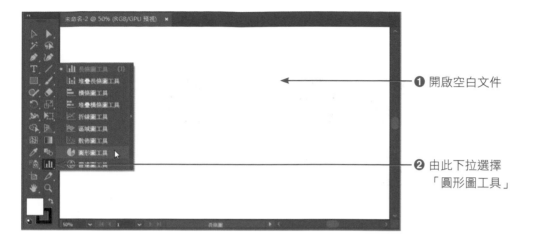

❶ 開啟空白文件

❷ 由此下拉選擇
「圓形圖工具」

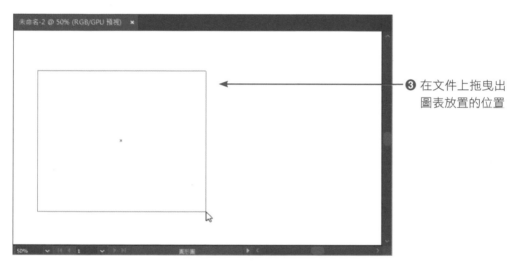

❸ 在文件上拖曳出
圖表放置的位置

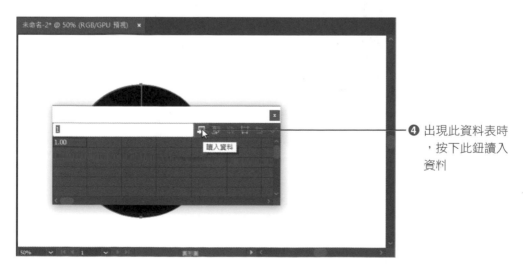

❹ 出現此資料表時
，按下此鈕讀入
資料

12-11

⑤ 點選檔案放置的資料夾位置

⑥ 點選檔案圖示

⑦ 按下「開啟」鈕

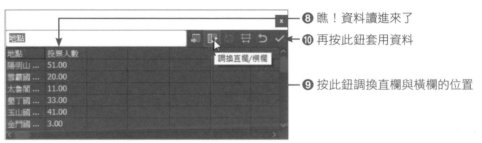

⑧ 瞧！資料讀進來了

⑩ 再按此鈕套用資料

⑨ 按此鈕調換直欄與橫欄的位置

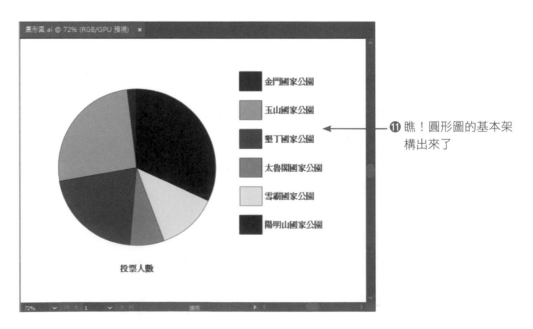

⑪ 瞧！圓形圖的基本架構出來了

修改圖表色彩

　　剛剛建立完成的圓形圖表看起來毫無生氣，黯淡無光，接下來要告訴各位如何作編修，讓圖表的視覺效果可以符合需要。首先要來替換圖表的顏色。請利用「群組選取工具」 來選取圖例，它會自動選取圖例與其數列，透過「控制」面板即可變更顏色。

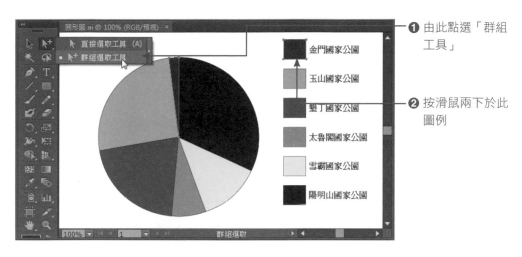

① 由此點選「群組工具」

② 按滑鼠兩下於此圖例

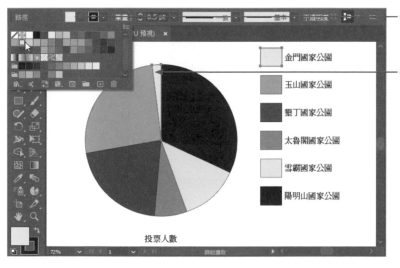

③ 由此下拉選擇黃色

④ 瞧！圖例和該區域的圖表已變更為黃色了

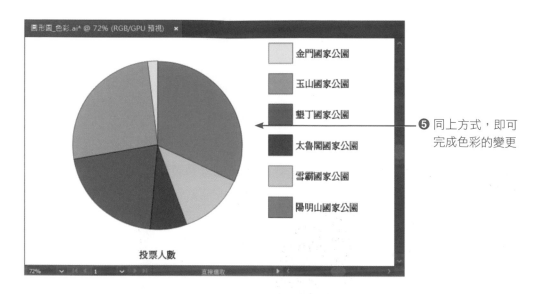

⑤ 同上方式，即可
完成色彩的變更

在圓形圖表中，如果想要特別強調某一個區塊，可以利用「直接選取工具」
▶ 來移動它。如圖示：

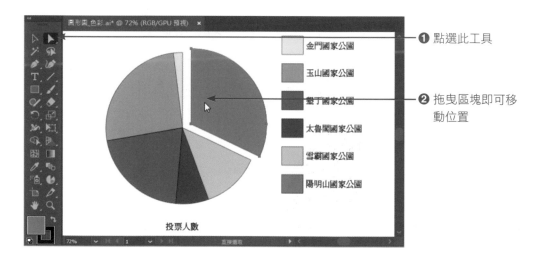

① 點選此工具

② 拖曳區塊即可移
動位置

變更圖表類型

在建立圖表後，萬一想要更換成其他的圖表類型，不用重頭開始建立，只要按
右鍵於圖表上，由快顯功能表中選擇「類型」的指令就可以更換。

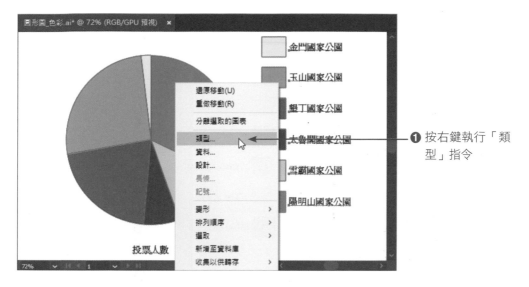

❶ 按右鍵執行「類型」指令

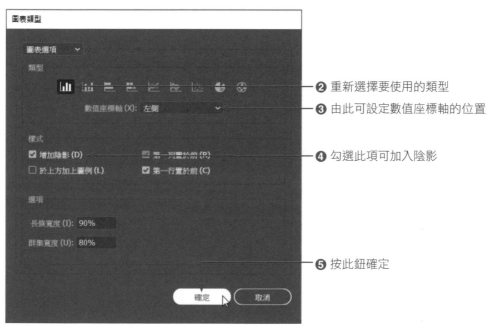

❷ 重新選擇要使用的類型

❸ 由此可設定數值座標軸的位置

❹ 勾選此項可加入陰影

❺ 按此鈕確定

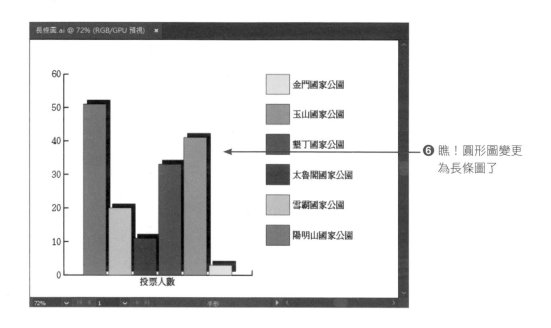

❻ 瞧！圓形圖變更
為長條圖了

變更圖表資料

好不容易完成圖表的設計，萬一資料有需要做更動，這時也可以利用滑鼠右鍵選擇「資料」來做變更。

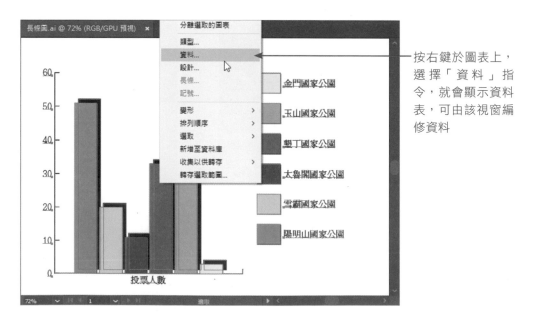

按右鍵於圖表上，選擇「資料」指令，就會顯示資料表，可由該視窗編修資料

13

列印與
輸出技巧

前面的章節中已經學會了 Illustrator 的各
種編輯技巧，辛苦完成各種文件的編輯後，
最終的目的不外乎是將它列印出來、輸出、
或放置於網頁上，此處就針對這部分來做說
明，讓辛苦完成的作品也能夠與他人分享。

13-1 | 文件列印

要將文件列印出來，執行「檔案 / 列印」指令，即可進入「列印」視窗。在一般狀態下，使用者只要在「一般」類別中設定列印的份數、方向、以及是否做縮放處理後，即可按下「列印」鈕列印文件。

❶ 設定列印份數　　❷ 勾選此項會自動旋轉文件方向

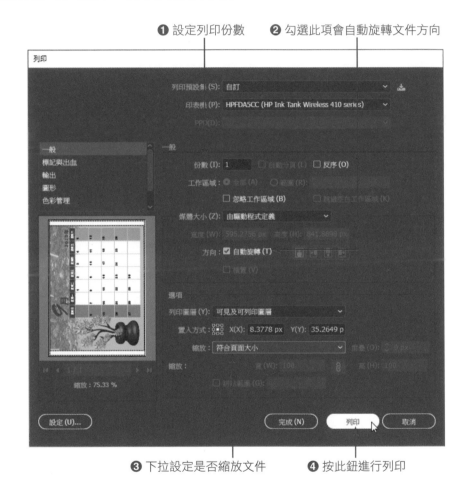

❸ 下拉設定是否縮放文件　　❹ 按此鈕進行列印

如果列印時需要顯示剪裁、對齊、色彩導表、頁面資訊等標記符號，那麼請切換到「標記與出血」，再勾選想要顯示的標記選項。

❶ 切換到「標記與出血」的類別

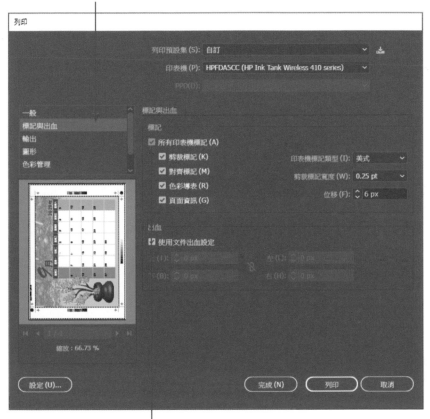

❷ 勾選此處，會同時勾選下方的四個選項

13-2 | 轉存圖檔

　　想要儲存文件，一般利用「檔案 / 另存新檔」指令，除了 Adobe Illustrator 特有的 AI 格式外，還可以選擇儲存為 PDF（Adobe PDF）、EPS（Illustrator EPS）、AIT（Illustrator Template）、SVG、SVGZ（SVG 已壓縮）等格式。

　　如果您的文件需要轉存為其他的格式類型，那麼請執行「檔案 / 轉存」指令，就會看到如下的三種方式：

轉存為螢幕適用

執行「檔案 / 轉存 / 轉存為螢幕適用」指令後，將進入此視窗，可針對檔案範圍進行選擇、可加入出血、可選用 PNG/JPG/SVG/PDF 等格式、或是新增 iOS/Android 等裝置的預設集。

轉存為

「檔案 / 轉存 / 轉存為」指令所提供的檔案格式相當多，除了一般常看到的 bmp、pct、png、psd、tif、tga 等點陣圖格式外，wmf、emf 等向量圖格式也可以在此進行轉存。

如果你的文件要進行印刷出版，通常會轉存為 TIF 格式，此格式為非破壞性壓縮模式，支援儲存 CMYK 的色彩模式與 256 色，也能儲存 Alpha 色版。其檔案量較大，是文件排版軟體的專用格式。

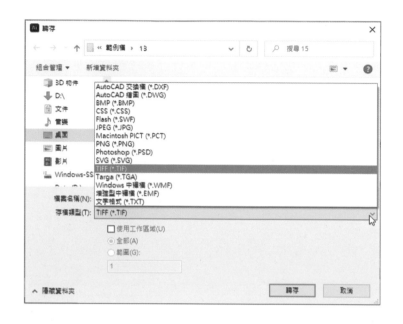

轉存為網頁用

「檔案 / 轉存 / 轉存為網頁用」指令，可從預設集中選擇各種 PNG、GIF、JPEG 格式，讓使用者輕鬆比較出原始文件與輸出後的差異性。

13-3 | 匯出成 PDF 格式

PDF（Portable Document Format）是 Adobe 所開發的跨平台格式，主要用來做交換和瀏覽檔案之用，由於它能保留檔案原有的編排，所以被使用率相當高。要將檔案匯出成 PDF 格式，除了利用「檔案 / 另存新檔」指令可以儲存成 PDF 格式外，執行「檔案 / 指令集 / 將文件儲存成 PDF」指令也可以辦到。

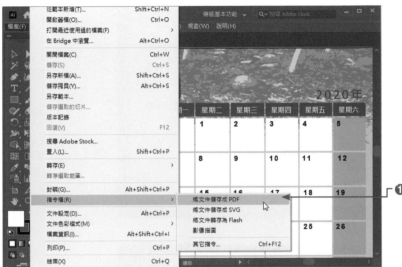

❶ 執行「檔案 / 指令集 / 將文件儲存成 PDF」指令，在指定存放的位置

❷ 轉存成功，按「確定」鈕離開

13-4 | 建立影像切片

如果完成的文件要放置在網頁上，為了加快網頁圖片的顯示，通常都會對畫面進行切片。Illustrator 的工具中有提供「切片工具」 可切割畫面，另外「物件」功能表中也有提供各種的切片指令可以選用，此處就針對切片的各種建立方式做介紹。

➡ 使用「切片工具」切割影像

想要切割網頁畫面，最簡單的方式就是利用「切片工具」 ◢ 。只要選取工具後，在畫面上拖曳出要切割的區塊，就能切割畫面。

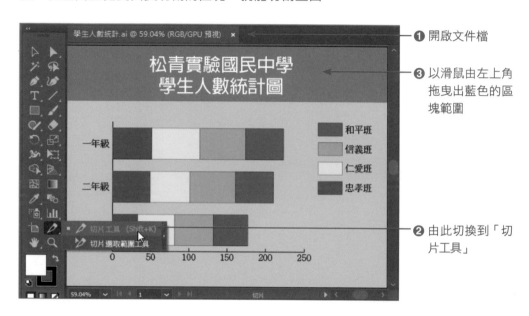

❶ 開啟文件檔

❸ 以滑鼠由左上角拖曳出藍色的區塊範圍

❷ 由此切換到「切片工具」

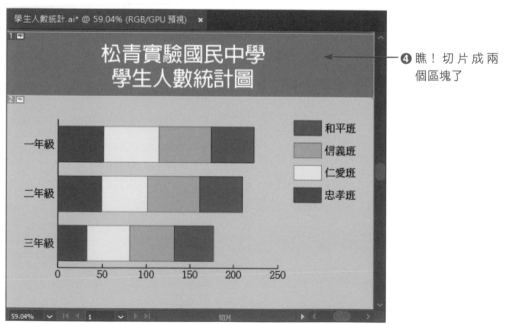

❹ 瞧！切片成兩個區塊了

從選取範圍進行切片

在「物件」功能表中也有「切片」的功能，只要選取範圍後，執行「物件 / 切片 / 製作」指令，它就會自動進行畫面的切割。

❶ 選取整個標誌造形

❷ 執行「物件 / 切片 / 製作」指令

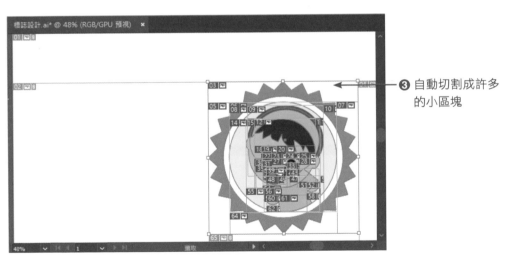

❸ 自動切割成許多的小區塊

一個標誌切片成六十多份的區塊，那麼要組合也會困難重重吧！事實上像這樣的畫面，可以利用「物件 / 切片 / 從選取範圍建立」指令，這樣它會將選取的標誌切割成一份完整的區塊，如下步驟所示：

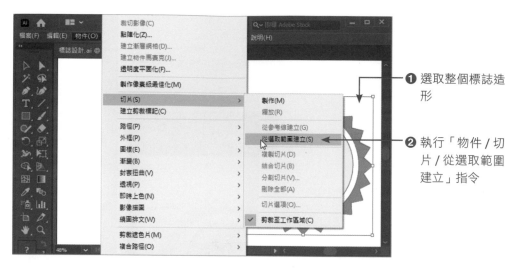

❶ 選取整個標誌造形

❷ 執行「物件 / 切片 / 從選取範圍建立」指令

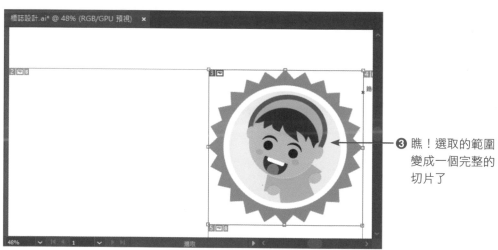

❸ 瞧！選取的範圍變成一個完整的切片了

🔹 分割切片

　　萬一各位製作的文件很大張，想要將文件分割成若干欄或列，那麼可將文件中的物件選取起來，先從選取範圍建立切片後，再利用「物件 / 切片 / 分割切片」指令來設定分割的數目。設定方式如下：

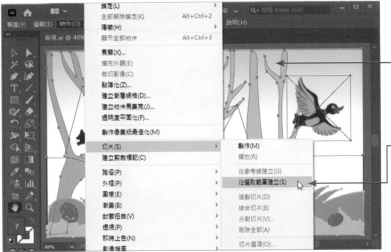

❶ 以滑鼠拖曳出文件中的所有物件

❷ 執行「物件／切片／從選取範圍建立」指令，使變成一個完整的切片

❸ 瞧！文件變成一個切片了

❹ 執行「物件／切片／分割切片」指令

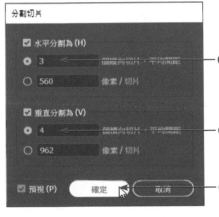

❺ 設定水平分割的數目

❻ 設定垂直分割的數目

❼ 按下「確定」鈕離開

❽ 切片分割完成了

從參考線建立切片

除了利用水平或垂直的分割數目的來切片網頁外，也可以從參考線來建立切片。方式如下：

❶ 先從尺標上拉出參考線

❷ 執行「物件 / 切片 / 從參考線建立」指令

有勾選此項，將會以工作區域的範圍做為切片基準

❸ 瞧！依參考線建立成三個切片

　　特別注意的是，如果未勾選「剪裁至工作區域」，則在切片時，它會連同出血的區域一併切片喔！

13-5 │ 儲存為網頁用影像或網頁檔

　　當各位利用「切片工具」或「切片」功能完成畫面的切割後，接著就可以利用「檔案 / 轉存 / 儲存為網頁用」的指令來儲存網頁影像或網頁檔。一般網頁常用的檔案格式有三種：GIF、JPG 和 PNG，這裡就以 JPG 格式做示範。

❶ 切片後，執行「檔案 / 轉存 / 儲存為網頁用」指令，使進入下圖視窗

❸ 由此可設定品質的高低　　　　　　❷ 下拉選擇「JPG 格式」

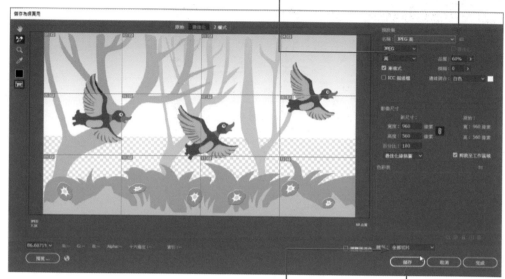

❹ 這裡選擇「全部切片」　　❺ 按下「儲存」鈕

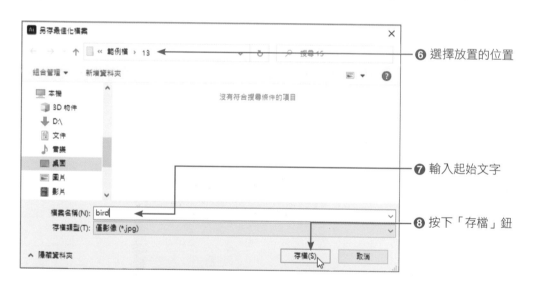

❻ 選擇放置的位置

❼ 輸入起始文字

❽ 按下「存檔」鈕

❾ 按「確定」鈕離開

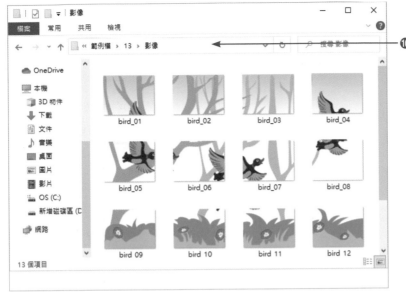

⑩ 開啟剛剛儲存的
位置，就會看到
新增的「影像」
資料夾，裡面包
含了所有的切片

　　如果只有部分的切片需要轉存為網頁用途，或是想要做透明背景的處理，那麼
可依照下面的方式進行設定。

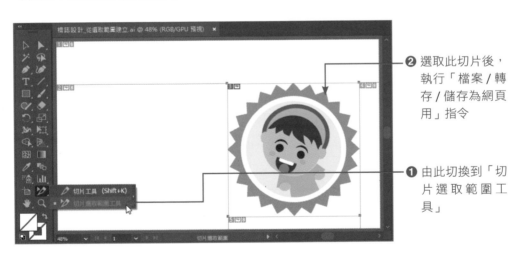

❷ 選取此切片後，
執行「檔案 / 轉
存 / 儲存為網頁
用」指令

❶ 由此切換到「切
片選取範圍工
具」

❹ 勾選「透明度」的選項，則沒有
填入顏色的地方就會變成透明　　　　　　　　　❸ 下拉選擇「PNG」格式

❺ 這裡設定為「選取的切片」　　❻ 按下「儲存」鈕

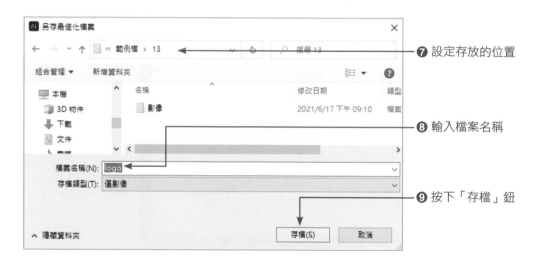

❼ 設定存放的位置

❽ 輸入檔案名稱

❾ 按下「存檔」鈕

❿ 按「確定」鈕離開

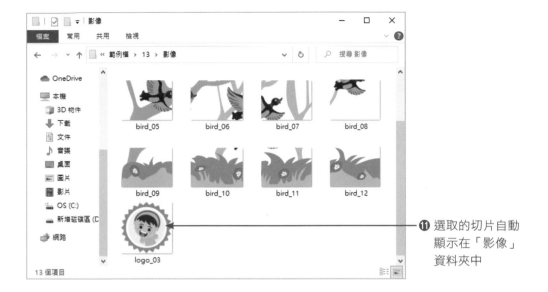

⓫ 選取的切片自動
　顯示在「影像」
　資料夾中

MEMO.

廣告宣傳單
設計

這個範例是以菸酒專賣店為主題所做的 A4 宣傳單，畫面底圖以高反差的方式呈現，將酒罈實物轉變成平面化，有助於簡化實物的效果，但是仍然可以顯現立體物件的細部輪廓，這種高反差的色調效果，經常被運用在設計之中。

畫面中的實物都是在 Photoshop 軟體中進行處理再轉出至 Illustrator 進行文字的編排。宣傳文件中當然少不了專賣店的名稱、地址、電話等基本資料，除此之外，特有產品的文字說明則以不規則的框架來置入，有別於傳統的直排文字輸入，讓畫面多了點設計感。

■ 完成範例

■ 使用素材

14-1 | 以 Photoshop 軟體處理相片

Photoshop 軟體是處理相片的最佳選擇，這裡我們將利用「臨界值」的功能，將酒罈的畫面變成只有黑白高反差的效果，再填入想要使用的色調，而拍攝的酒瓶將做去背景的處理，去除不想入畫的多餘物件。

🔶 新建 A4 文件

開啟 Photoshop 軟體後先建立要使用的文件尺寸，以便能夠清楚掌握物件擺放的位置。請從歡迎視窗按下「建立」鈕，或是執行「檔案 / 開新檔案」指令，開啟 A4 大小的文件。

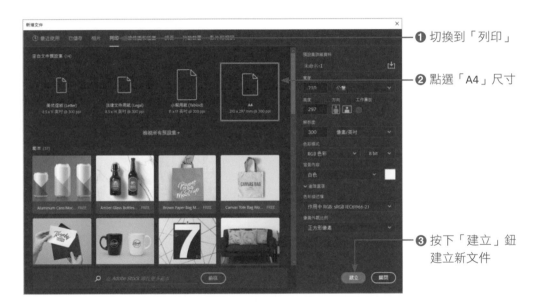

❶ 切換到「列印」

❷ 點選「A4」尺寸

❸ 按下「建立」鈕建立新文件

接著請自行執行「檔案 / 另存新檔」指令，將檔案命名為「背景圖 _ 酒罈 .psd」備用。

使用「移動工具」移入插圖

有了確切的尺寸，現在請執行「檔案 / 開啟舊檔」指令開啟「相片 02.jpg」的圖片。

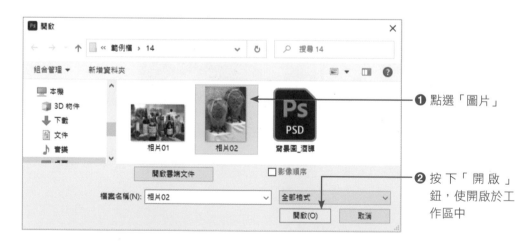

❶ 點選「圖片」

❷ 按下「 開 啟 」鈕，使開啟於工作區中

將空白文件與相片並列，以「Ctrl」+「A」鍵全選「相片 02.jpg」，利用「移動工具」把選取的畫面拖曳到空白文件上，完成移動的動作。

❷ 點選「移動工具」

❶ 全選圖片

❸ 將畫面拖曳到空白文件中

插圖的仿製與編修

插圖插入文件後，各位可以清楚知道圖片與文件的比例與位置，你可以利用「編輯 / 變形 / 縮放」指令來放大或縮小圖片，如果圖片有不完美或瑕疵的地方，則可利用「仿製印章工具」來進行修補。

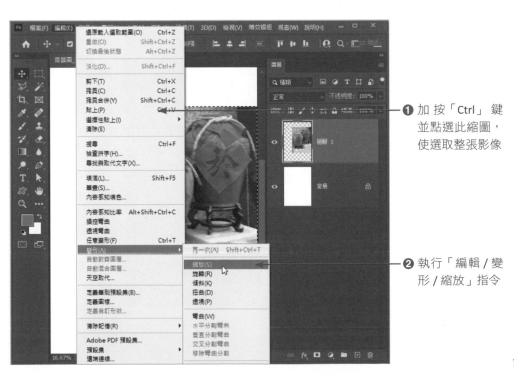

❶ 加按「Ctrl」鍵並點選此縮圖，使選取整張影像

❷ 執行「編輯 / 變形 / 縮放」指令

14-5

❸ 調整畫面的比例大小如圖,按「Enter」鍵使之確定,並取消選取狀態

❹ 改選「仿製印章工具」

❻ 由此設定筆刷大小

❺ 點選此圖層縮圖

❼ 加按「Alt」鍵設定仿製起始點,再依序將畫面補足,使顯現如圖

💧 插圖的高反差處理

　　酒罈的寬度補足後，接著就來進行高反差的處理，讓影像省略了中間層次，而歸併到只有亮與暗的兩個色階。這樣的效果放置於背景當中，就不會使背景太複雜而影響到前景物的顯現，也不會使背景太單調而沒有變化。請選取影像所在的圖層，執行「影像 / 調整 / 臨界值」指令，使進入「臨界值」的視窗進行調整。

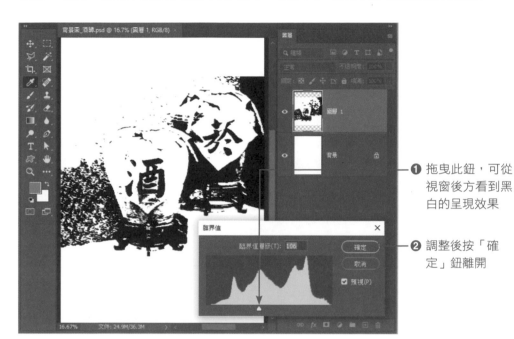

❶ 拖曳此鈕，可從視窗後方看到黑白的呈現效果

❷ 調整後按「確定」鈕離開

💧 設定插圖色調

　　確認酒罈所要呈現的輪廓與對比後，現在可以進行顏色的替換，讓黑或白的部分顯現你想要的色調。由於黑色的區域分佈較為零散，各位可以利用「選取區 / 相近色」的指令來幫忙選取。設定方式如下：

❷ 切換到「魔術棒
工具」

❶ 點選此圖層

❸ 按一下黑色區域
，使選取此區的
黑色部分

❹ 執行「選取區 / 相近色」的指令，就會
看到所有的黑色都被選取

❺ 按此色塊設定想要使用的顏色，再執行
「編輯 / 填滿」指令進入下圖視窗

❼ 按此鈕確定

❻ 下拉選擇「前景色」

14-8

⑧ 黑色區域變顏色了！

顏色變更後，請執行「圖層 / 新增 / 拷貝的圖層」指令，將選取區變成新的圖層，同時利用「裁切工具」裁切多餘的部分，使畫面和圖層顯現如圖。

使用「裁切工具」裁切如圖

關閉底下兩層的圖層，只留下此圖層

🔹 轉存為 PNG

高反差的畫面設定完成後，接著在範圍選取的狀態下，執行「檔案 / 轉存 / 快速轉存為 PNG」指令，可將畫面變成去背景的圖形。執行該指令後，在如下視窗巾入檔案名稱，按「存檔」鈕完成檔案的儲存。

圖形去背景處理

完成背景圖的處理後，接著執行「檔案 / 開啟舊檔」指令開啟「相片 01jpg」圖檔，我們要利用「多邊形套索工具」來選取酒瓶。

❷ 選項設定如圖

❹ 按此鈕設定邊緣效果

❶ 點選「多邊形套索工具」

❸ 依序點選酒瓶的輪廓，使之選取

❻ 由此調整筆刷尺寸與硬度

❺ 點選「調整邊緣筆刷工具」

❽ 按「確定」鈕離開

❼ 刷一下底下的邊緣線，使變成柔化效果

❾ 執行「圖層 / 新增 / 拷貝的圖層」指令，使變成獨立的圖層

❿ 關閉背景圖層的眼睛，就可以看到去背的效果

圖形轉換成 CMYK 模式

完成如上動作後，由於影像未來要做列印輸出，所以可以執行「影像 / 模式 / CMYK 色彩」指令使轉換成色彩模式，然後儲存成 PSD 的格式，這樣也可以在 Illustrator 中置入。

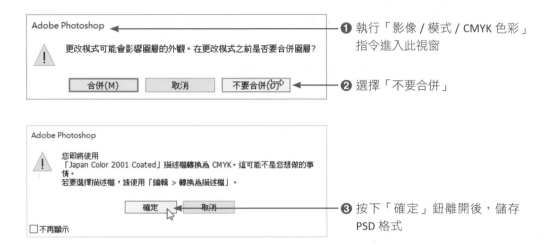

❶ 執行「影像 / 模式 / CMYK 色彩」指令進入此視窗

❷ 選擇「不要合併」

❸ 按下「確定」鈕離開後，儲存 PSD 格式

14-2 | 以 Illustrator 軟體編排圖文

Illustrator 軟體以向量繪圖為主，所以我們選擇在此進行圖文的編排。

新增 A4 列印文件

開啟軟體後按下「新建」鈕或執行「檔案 / 新增」指令，由於是列印的文件，所以進行以下的設定。

❶ 點選「列印」

❷ 選擇「A4」尺寸

❸ 設定出血值為
「3」

❹ 按下「建立」鈕

❺ 顯示建立的空白文件，並執行
「檔案 / 儲存」指令儲存文件

置入插圖影像

確認文件尺寸後，接著是將已編修和轉存的影像置入到 Illustrator 中。請執行「檔案 / 置入」指令進行以下動作。

❶ 點選背景圖

❷ 按下「置入」鈕置入圖片

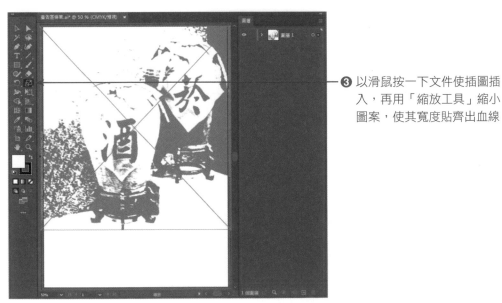

❸ 以滑鼠按一下文件使插圖插入，再用「縮放工具」縮小圖案，使其寬度貼齊出血線

背景的插圖被插入後，請以相同方式置入「酒相片 _CMYK.psd」圖檔，使排列於右下側。

調整插圖透明度

加入的插圖可以在 Illustrator 中再度調整它的透明程度，方便我們控制明暗，讓後面加入的文字可以明顯呈現。要調整透明度，請執行「視窗 / 透明度」指令開啟「透明度」面板，以滑鼠拖曳「不透明度」的比例即可。

❷ 由此調整透明程度

❶ 點選背景插圖

14-15

🔷 新增圖層編排文字

剛剛插入的插圖都是放在「圖層 1」當中，為了方便各項物件的編輯，可以透過「圖層」面板新增「文字層」來放置商店名稱、地址、電話等相關文字。

❸ 按滑鼠兩下於新圖層，即可輸入新名稱

❶ 按此鎖定圖層，可避免移動到插圖

❷ 按此鈕新增圖層

❺ 點選「文字工具」

❼ 由此設定顏色

❹ 點選文字層

❻ 在左下方輸入商家名稱

❽ 由「字元」面板設定字體大小與樣式

❾ 以同樣方式加入英文名稱與地址電話

🔸 不規則區域的文字編排

在內文說明的部分將以不規則的造型來呈現，請先利用「鋼筆工具」或「曲線工具」繪製不規則的造型，再選用「區域文字工具」來貼入內文字，最後依照文字內容的多寡來調整字型大小或間距，讓文字可以完整顯示在區域當中。

❷ 選取「曲線工具」

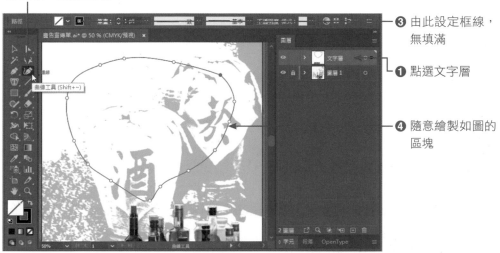

❸ 由此設定框線，無填滿

❶ 點選文字層

❹ 隨意繪製如圖的區塊

❺ 開啟文字檔，全選文字後，執行「編輯 / 複製」指令

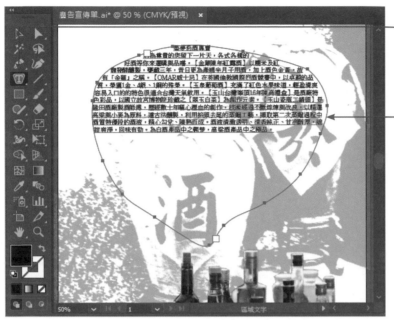

⑥ 點選「區域文字工具」

⑦ 按一下區塊，出現預設文字時，執行「編輯/貼上」指令

⑧ 全選文字，由「字元」面板調整字體的大小

⑩ 點選「直接選取工具」可調整路徑的控制點，使文字顯現完全

⑨ 將商店名稱加大顯示

⑪ 顯示完成的畫面

MEMO.

包裝紙盒設計

所謂的「包裝設計」是指對商品的結構或外觀進行設計，除了保護商品外，用以傳達視覺效果，增加顧客對商品的印象和品牌的形象。任何的商品都需要包裝設計，除了商品的造型需要設計外，包裝的結構也需要設計，這裡我們主要針對包裝的結構進行設計，保護商品免受外來物的衝擊而變形損害，方便商品的運輸和流通，同時透過商標、文字、圖案和色彩的設計，有效展示商品的特色，增加產品的競爭力。

■ 完成範例

|15-1 | 使用 Illustrator 軟體繪製外包裝盒展開圖

這裡我們以寬 11.5 公分，高 17 公分，深度 5 公分的紙盒作為設計，先使用 Illustrator 軟體來「矩形工具」和「圓角矩形工具」來繪製外包裝盒的展開圖，屆時裁切、摺疊、黏貼之後，就會變成立方體。

● 新建「小報」列印文件

開啟軟體後,執行「檔案 / 新增」指令,由於需要的高度為 27 公分,寬度約 34 公分,所以我們選擇「小報」的列印文件。

❶ 切換到「列印」

❷ 按此檢視所有預設集

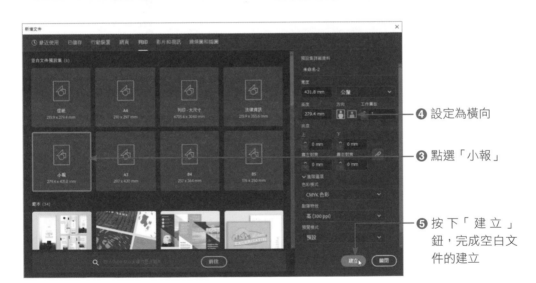

❹ 設定為橫向

❸ 點選「小報」

❺ 按下「建立」鈕,完成空白文件的建立

建立空白文件後,請自行將檔案儲存為「外包裝盒設計 .ai」。

● 以「矩形工具」繪製紙盒紙主體

首先我們利用「矩形工具」繪製寬 11.5 公分,高 17 公分,深度 5 公分的紙盒。

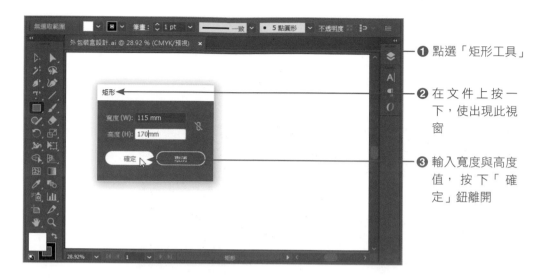

❶ 點選「矩形工具」

❷ 在文件上按一下，使出現此視窗

❸ 輸入寬度與高度值，按下「確定」鈕離開

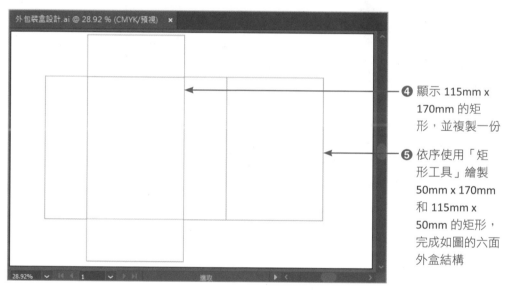

❹ 顯示 115mm x 170mm 的矩形，並複製一份

❺ 依序使用「矩形工具」繪製 50mm x 170mm 和 115mm x 50mm 的矩形，完成如圖的六面外盒結構

以「圓角矩形工具」繪製紙盒摺疊處

　　立體的六面雖然完成，但是還需要有黏貼處才能撐起紙盒並給予保護，所以我們要再利用「圓角矩形工具」來繪製黏貼處和摺疊處，此處我們將運用「路徑管理員」的「形狀模式」來處理。

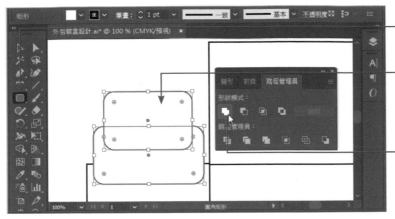

❶ 點選「圓角矩形工具」

❷ 在左上角處繪製如圖的兩個圓角矩形

❸ 同時選取圖形，按此鈕進行聯集，使變成一個造型

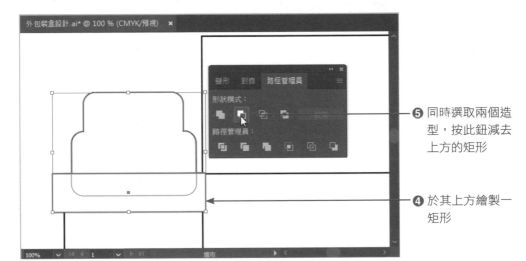

❺ 同時選取兩個造型，按此鈕減去上方的矩形

❹ 於其上方繪製一矩形

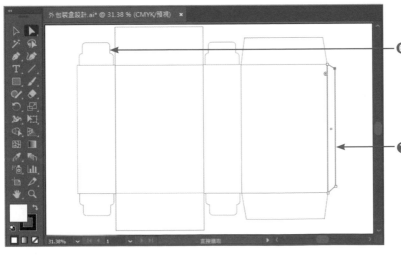

❻ 完成左上角摺疊處的造型，依序將該造型複製和旋轉，並移至各處

❼ 再繪製如圖的 3 個矩形，使用「直接選取工具」拖曳控制點，就能完成黏貼處的繪製

15-2 | 為紙盒上彩

紙盒的展開圖已經繪製完成後，接下來要進行上色處理。在這個範例中我們以黃色調為主，為避免單一顏色太過單調，此處將透過「美工刀工具」剪裁出流線形的區塊，再填入同色系的顏色。

以美工刀工具切割造型

❷ 點選「美工刀」工具

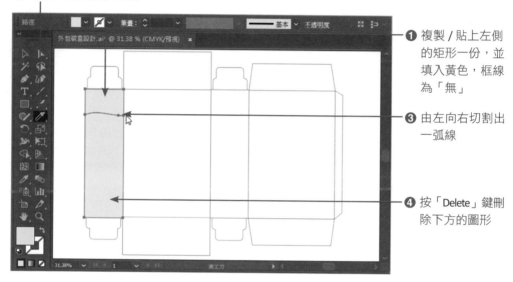

❶ 複製 / 貼上左側的矩形一份，並填入黃色，框線為「無」

❸ 由左向右切割出一弧線

❹ 按「Delete」鍵刪除下方的圖形

紙盒上色

透過以上的方式，你可以切割出具有曲線的造型，接下來的右側的面請以相同方式處理，然後透過「複製」與「貼上」功能複製造型，旋轉造型後再調整高度，即可完成紙盒的上色。

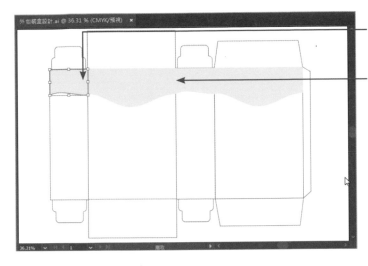

❶ 顯示保留下來的造型

❷ 同上方式，以「美工刀」工具裁切如圖造型，再依序複製貼上造型，使顯現如圖

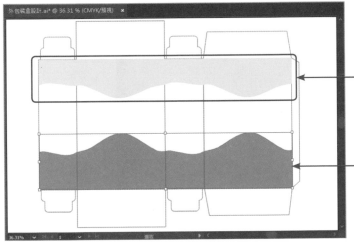

❸ 複製 / 貼上此四個圖形

❹ 反轉後，貼於此處，並拉高高度

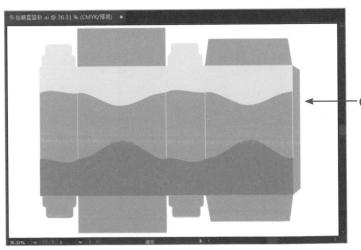

❺ 依序點選圖形，並填入顏色，完成外包裝的基底色

15-3 | 使用 Photoshop 軟體美化相片

紙盒包裝的基本型大致底定後，接下來要利用 Photoshop 軟體來處理相片，這裡包含香蕉畫面的修飾，讓香蕉上的斑點透過「汙點修復筆刷工具」移除斑點，另外是將香蕉煎餅進行去背處理，再進行擺盤。

修復香蕉汙點

首先開啟 Photoshop 軟體，按下「開啟」鈕開啟「香蕉.jpg」圖檔，我們要修復香蕉上的斑點外。

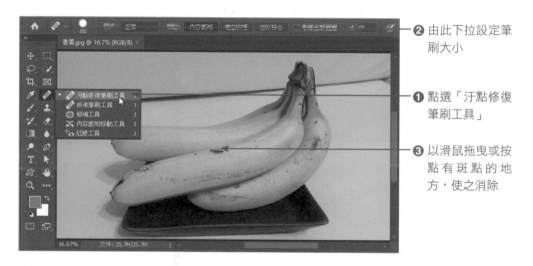

❷ 由此下拉設定筆刷大小

❶ 點選「汙點修復筆刷工具」

❸ 以滑鼠拖曳或按點有斑點的地方，使之消除

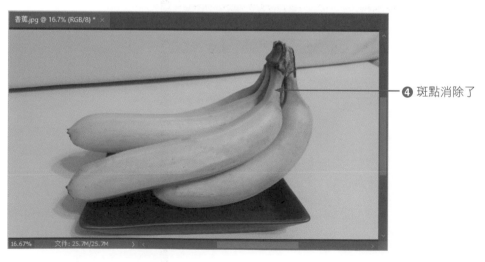

❹ 斑點消除了

調整香蕉飽和度

要讓香蕉顏色更鮮明，可以執行「影像 / 調整 / 色相 / 飽和度」指令，進入如下圖的視窗中調整。

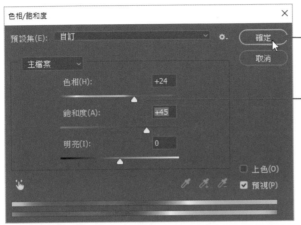

❷ 設定完成按「確定」鈕離開

❶ 調整「色相」和「飽和度」的滑鈕，並從後方查看調整的結果

❸ 香蕉色彩變鮮明了

香蕉去背轉存

接下來要進行去背景處理，方便稍後置入 Illustrator 軟體中。由於背景和香蕉的色彩都很簡單，可以選用「磁性套索工具」來處理。

❶ 點選「磁性套索工具」

❷ 沿著香蕉的邊緣進行描繪,並在起始點與結束點處按下滑鼠

❸ 圖形選取後,執行「圖層 / 新增 / 拷貝的圖層」,使選取區變成新圖層

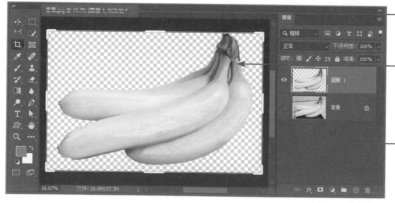

❺ 點選「裁切工具」

❻ 裁切多餘的空白區域,按「Enter」鍵確認

❹ 按此鈕關閉背景圖層

　　完成如上動作後,執行「影像 / 模式 / CMYK 色彩」指令將影像轉為 CMYK 色彩後,再儲存為「香蕉去背 .psd」檔案備用。

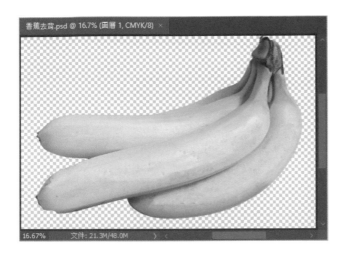

香煎餅的去背與複製擺盤

開啟「香蕉煎餅 .jpg」圖檔，我們將把單一的煎餅圖案進行去背景處理，然後複製後擺放在盤子之中。

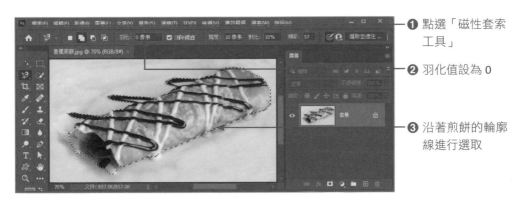

❶ 點選「磁性套索工具」

❷ 羽化值設為 0

❸ 沿著煎餅的輪廓線進行選取

❺ 選項設定為「增加」，設定羽化值

❹ 改選「多邊形套索工具」

❻ 加選如圖的選取範圍，如此一來上方的輪廓線清楚，下方是模糊的輪廓

選取圖形後，執行「圖層 / 新增 / 拷貝的圖層」指令，將選取區變成新圖層，關掉背景層就可以看到單一圖形去背後的效果。如圖示：

接下來我們將縮小煎餅的尺寸，複製兩份排列，然後在繪製一個圓盤置於下方。方式如下：

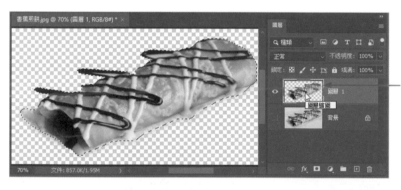

❶ 加按「Ctrl」鍵點選此縮圖，使選取物件，然後執行「編輯 / 變形 / 縮放」指令

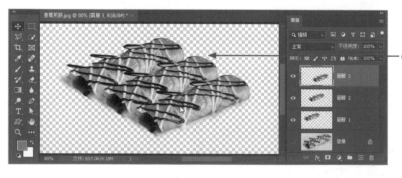

❷ 等比例縮小圖案後，執行「複製」、「貼上」功能，以「移動工具」移動圖形，使排列如圖

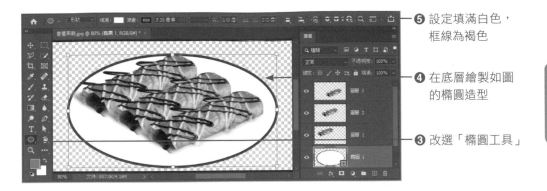

❺ 設定填滿白色，框線為褐色

❹ 在底層繪製如圖的橢圓造型

❸ 改選「橢圓工具」

❽ 羽化值設定為 8

❼ 點選「橢圓選取工具」

❾ 拖曳出橢圓形於盤中

❻ 在圓盤之上新增空白圖層

❿ 前景色設為灰色，按「Alt」+「Backspace」鍵使填入前景灰色

⓫ 圓盤中的凹陷處完成

完成如上動作後，執行「影像 / 模式 / CMYK 色彩」指令將影像轉為 CMYK 色彩後，再儲存為「香蕉煎餅擺盤 .psd」檔案備用。

15-4 | Illustrator 的圖文編排

插圖編修完成，我們將把插圖置入 Illustrator 中進行圖文的編排。為了方便物件的管理，我們將新增圖層來擺放置入的圖片，請開啟「外包裝盒設計 .ai」文件檔，執行「視窗 / 圖層」指令開啟圖層面板。

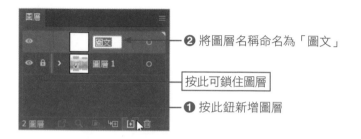

❷ 將圖層名稱命名為「圖文」

按此可鎖住圖層

❶ 按此鈕新增圖層

利用「圖層」面板讓編輯的物件分類擺放，如果不希望動到底下的展開圖，也可以將它鎖住，避免移動。

◆ 置入插圖

接下來執行「檔案 / 置入」指令依序置入「香蕉去背 .psd」、「香蕉煎餅擺盤 .psd」、「幸福家 .png」等圖檔。

❶ 依序點選插圖

❷ 按下「置入」鈕

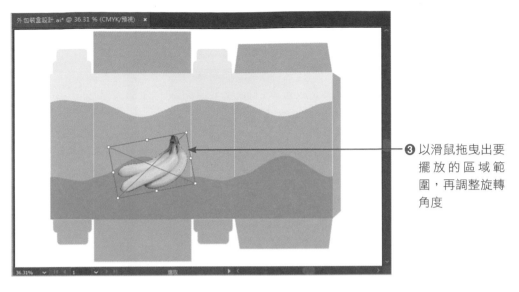

❸以滑鼠拖曳出要擺放的區域範圍,再調整旋轉角度

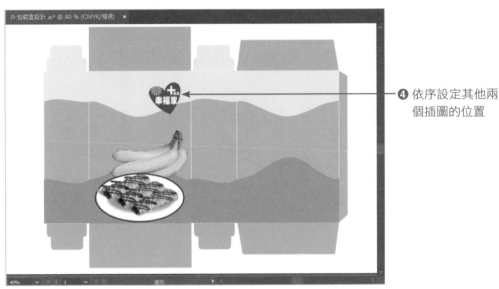

❹依序設定其他兩個插圖的位置

🔹 加入文字

將圖片大致擺放後,接著是輸入文字,等第一個面的圖文都確定後,就可以快速透過「複製」與「貼上」指令調整其他面的圖文。

❶ 點選「垂直文字工具」

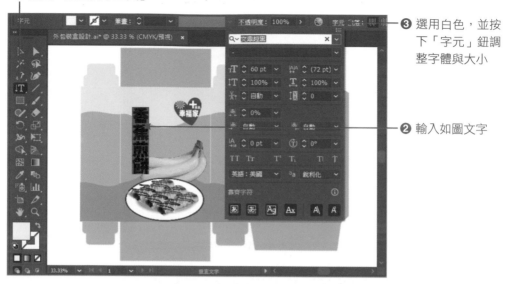

❸ 選用白色,並按
下「字元」鈕調
整字體與大小

❷ 輸入如圖文字

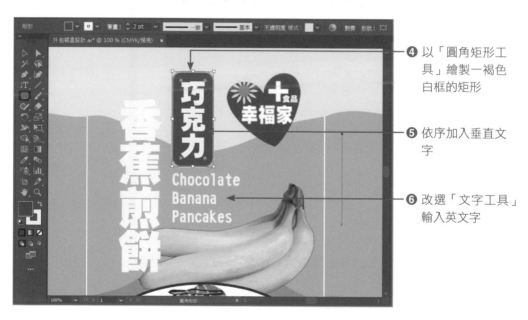

❹ 以「圓角矩形工
具」繪製一褐色
白框的矩形

❺ 依序加入垂直文
字

❻ 改選「文字工具」
輸入英文字

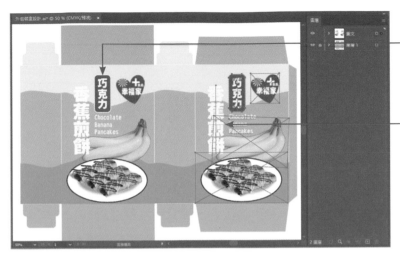

❼ 確認圖文位置後，以拖曳方式全選左側的所有圖文

❽ 將圖文複製、貼入右側

　　主要的畫面已經確定後，接著就是側面和上方的文字和圖片，只要複製後旋轉 90 度即可。另一個側面主要是品名、成分、保存期限、產地等資料，等確認後再處理即可，其他面為摺疊處或黏貼處，所以不需設計。

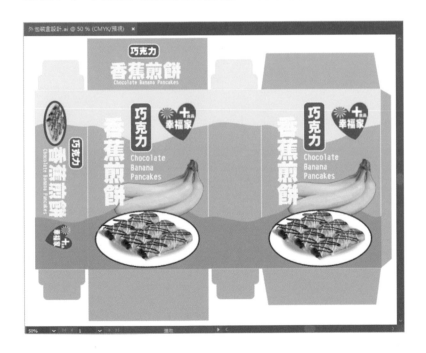

MEMO.

ChatGPT 讓 Photoshop + Illustrator 設計好好玩

今年度最火紅的話題絕對離不開 ChatGPT，ChatGPT 引爆生成式 AI 革命，首當其衝的是社群行銷，目前網路、社群上對於 ChatGPT 的討論已經沸沸揚揚。

ChatGPT 是由 OpenAI 所開發的一款基於生成式 AI 的免費聊天機器人，擁有強大的自然語言生成能力，可以根據上下文進行對話，並進行多種應用，包括客戶服務、銷售、產品行銷等，短短兩個月全球用戶超過一億，超過抖音的用戶量。ChatGPT 是由 OpenAI 公司開發的最新版本，該技術是建立在深度學習（Deep Learning）和自然語言處理技術（Natural Language Processing, NLP）的基礎上。由於 ChatGPT 基於開放式網路的大量資料進行訓練，使其能夠產生高度精確、自然流暢的對話回應，與人進行交流。如下圖所示：

ChatGPT 能和人類以一般人的對話方式與使用者互動，例如提供建議、寫作輔助、寫程式、寫文章、寫信、寫論文、劇本小說…等，而且所回答的內容有模有樣，除了可以給予各種問題的建議，也可以幫忙下達影像處理的指導步驟，例如下列二圖的回答內容：

請問如何在Photoshop進行圖片的去背處理

 在Photoshop中進行圖片的去背處理有多種方法。以下是一種常用的方法，稱為「選擇」和「遮罩」：

1. 打開你想要去背的圖片。
2. 使用選擇工具（如魔棒工具、快速選擇工具或套索工具）選擇圖片的主要元素。你可以使用選擇工具逐步選取或取消選取圖片中的區域，直到你滿意為止。如果你不熟悉這些工具的使用方法，可以通過查看Photoshop的說明文件或在網上尋找相關教學來學習如何使用它們。
3. 一旦你選擇了主要元素，你可以調整選擇邊緣的精確度。選擇->修改->邊緣，然後在彈出的對話框中調整設置。你可以使用平滑、半徑和對比度等選項來優化選擇的邊緣。
4. 確定你的選擇完整後，創建一個圖層遮罩。在圖層面板上，點擊「新增圖層遮罩」按鈕（方形遮罩圖示），這將根據你的選擇創建一個遮罩圖層。
5. 遮罩圖層將只顯示你所選擇的部分，其他部分將被隱藏。如果你需要進一步微調去背的結果，可以使用筆刷工具（在遮罩模式下）繪製或擦除特定區域，以便達到更精確的去背效果。
6. 保存圖片時，選擇支援透明背景的格式（如PNG），以便保留圖片的透明性。

以上步驟僅為一種去背的方法，具體操作可能因圖片的複雜度和你的需求而有所不同。Photoshop提供了許多工具和技術，可以根據具體情況進行更高級的去背處理。如果你想更深入地學習Photoshop的選擇和遮罩技術，可以通過閱讀相關教學或參考Photoshop的說明文件進一步了解。

 請問如何在illustrotor進行不規則形狀選取

 在 Adobe Illustrator 中進行不規則形狀的選取，你可以使用以下幾種方法：

1. 直接選取工具（Selection Tool）：使用這個工具，你可以單擊並拖動來框選要選取的不規則形狀。這將選擇在框選範圍內的所有物件。
2. 魔術棒工具（Magic Wand Tool）：這個工具可以根據顏色或外觀特徵選擇物件。單擊不規則形狀上的一個點，魔術棒工具將根據相似的顏色或外觀選擇相鄰的區域。你可以在選單中調整魔術棒工具的靈敏度，以使其更適合你的需求。
3. 套索工具（Lasso Tool）：使用這個工具，你可以手繪不規則形狀的輪廓來進行選取。按住鍵盤上的「L」鍵，然後單擊並拖動鼠標以繪製不規則形狀的選取範圍。
4. 快速選擇工具（Quick Selection Tool）：這個工具可以根據你的操作來選擇類似的區域。使用這個工具，你可以單擊和拖動以選擇不規則形狀的部分。根據你的操作，這個工具會自動檢測並選擇相似的區域。

請注意，以上方法適用於 Adobe Illustrator 的大多數版本，但根據你使用的軟件版本，某些工具的位置和功能可能會有所不同。

因為 ChatGPT 之所以強大，是它背後難以數計的資料庫，任何食衣住行育樂的各種生活問題或學科都可以問 ChatGPT，而 ChatGPT 也會以類似人類會寫出來的文字，給予相當到位的回答；與 ChatGPT 互動是一種雙向學習的過程，在用戶獲得想要資訊內容文字的過程中，ChatGPT 也不斷在吸收與學習。ChatGPT 用途非常廣泛多元，根據國外報導，很多亞馬遜上店家和品牌紛紛轉向 ChatGPT，還可以幫助店家或品牌再進行社群行銷時為他們的產品生成吸引人的標題，和尋找宣傳方法，進而與廣大的目標受眾產生共鳴，從而提高客戶參與度和轉換率。

16-1 | 認識聊天機器人

人工智慧行銷從本世紀以來，一直都是店家或品牌尋求擴大影響力和與客戶互動的強大工具，過去企業為了與消費者互動，需聘請專人全天候在電話或通訊平台前待命，不僅耗費了人力成本，也無法妥善地處理龐大的客戶量與資訊，聊天機器人（Chatbot）則是目前許多店家客服的創意新玩法，背後的核心技術即是以自然語言處理（Natural Language Processing, NLP）中的一種模型（Generative Pre-Trained Transformer, GPT）為主，利用電腦模擬與使用者互動對話，算是由對話或文字進行交談的電腦程式，並讓用戶體驗像與真人一樣的對話。聊天機器人能夠全天候地提供即時服務，與自設不同的流程來達到想要的目的，協助企業輕鬆獲取第一手消費者偏好資訊，有助於公司精準行銷、強化顧客體驗與個人化的服務；這對許多粉絲專頁的經營者或是想增加客戶名單的行銷人員來說，聊天機器人就相當適用。

AI 電話客服也是自然語言的應用之一

（圖片來源：https://www.digiwin.com/tw/blog/5/index/2578.html）

> **TIPS**
>
> 　　電腦科學家通常將人類的語言稱為自然語言 NL（Natural Language），比如說中文、英文、日文、韓文、泰文等，這也使得自然語言處理（Natural Language Processing, NLP）範圍非常廣泛，所謂 NLP 就是讓電腦擁有理解人類語言的能力，也就是一種藉由大量的文字資料搭配音訊資料，並透過複雜的數學聲學模型（Acoustic Model）及演算法來讓機器去認知、理解、分類並運用人類日常語言的技術。
>
> 　　GPT 是「生成型預訓練變換模型（Generative Pre-Trained Transformer）」的縮寫，是一種語言模型，可以執行非常複雜的任務，會根據輸入的問題自動生成答案，並具有編寫和除錯電腦程式的能力，如回覆問題、生成文章和程式碼，或者翻譯文章內容等。

🔹 聊天機器人的種類

例如以往店家或品牌進行行銷推廣時，必須大費周章取得用戶的電子郵件，不但耗費成本，而且郵件的開信率低，由於聊天機器人的應用方式多元、效果容易展現，可以直觀且方便地透過互動貼標來收集消費者第一方資料，直接幫你獲取客戶的資料，例如：姓名、性別、年齡…等臉書所允許的公開資料，驅動更具效力的消費者回饋。

臉書的聊天機器人就是一種自然語言的典型應用

聊天機器人共有兩種主要類型：一種是以工作目的為導向，這類聊天機器人是一種專注於執行一項功能的單一用途程式。例如 LINE 的自動訊息回覆，就是一種簡單型聊天機器人。

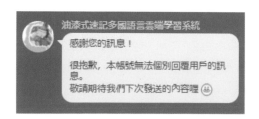

另外一種聊天機器人則是一種資料驅動的模式，能具備預測性的回答能力，這類聊天機器人，如同 Apple 的 Siri 就是屬於這一種類型的聊天機器人。

例如在 IG 粉絲專頁常見有包含留言自動回覆、聊天或私訊互動等各種類型的機器人，其實這一類具備自然語言對話功能的聊天機器人也可以利用 NLP 分析方式進行打造，也就是說，聊天機器人是一種自動問答系統，它會模仿人的語言習慣，也可以和你「正常聊天」，就像人與人的聊天互動，而 NLP 方式讓聊天機器人可以根據訪客輸入的留言或私訊，以自動回覆方式與訪客進行對話，也會成為企業豐富消費者體驗的強大工具。

16-2 | ChatGPT 初體驗

從技術的角度來看，ChatGPT 是根據從網路上獲取的大量文字樣本進行機器人工智慧的訓練，與一般聊天機器人的相異之處在於，ChatGPT 有豐富的知識庫以及強大的自然語言處理能力，使得 ChatGPT 能夠充分理解並自然地回應訊息，不管你有什麼疑難雜症，你都可以詢問它。國外許多專家都一致認為 ChatGPT 聊天機器人比 Apple Siri 語音助理或 Google 助理更聰明，當用戶不斷以問答的方式和 ChatGPT 進行互動對話，聊天機器人就會根據你的問題進行相對應的回答，並提升這個 AI 的邏輯與智慧。

登入 Chat GPT 網站註冊的過程中雖然是全英文介面，但是註冊過後在與 Chat GPT 聊天機器人互動發問問題時，可以直接使用中文的方式來輸入，而且回答內容的專業性也不失水平，甚至不亞於人類的回答內容。

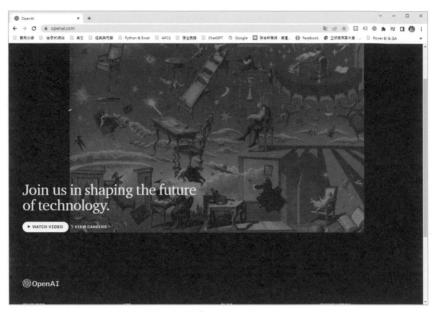

OpenAI 官網 https://openai.com/

　　目前 ChatGPT 可以辨識中文、英文、日文或西班牙等多國語言，透過人性化的回應方式來回答各種問題。這些問題甚至含括了各種專業技術領域或學科的問題，可以說是樣樣精通的百科全書；不過 ChatGPT 的資料來源並非 100% 正確，在使用 ChatGPT 時所獲得的回答可能會有偏誤，為了得到的答案更準確，當使用 ChatGPT 回答問題時，應避免使用模糊的詞語或縮寫。「問對問題」不僅能夠幫助用戶獲得更好的回答，ChatGPT 也會藉此不斷精進優化；AI 工具的魅力就在於它的學習能力及彈性，尤其目前的 ChatGPT 版本已經可以累積與儲存學習紀錄。切記！清晰具體的提問才是與 ChatGPT 的最佳互動。如果需要深入知道更多的內容，除了盡量提供夠多的訊息，就是提供足夠的細節和上下文。

◑ 註冊免費 ChatGPT 帳號

　　首先我們就先來示範如何註冊免費的 ChatGPT 帳號。請先登入 ChatGPT 官網，它的網址為 https://chat.openai.com/，登入官網後，若沒有帳號的使用者，可以直接點選畫面中的「Sign up」按鈕註冊一個免費的 ChatGPT 帳號：

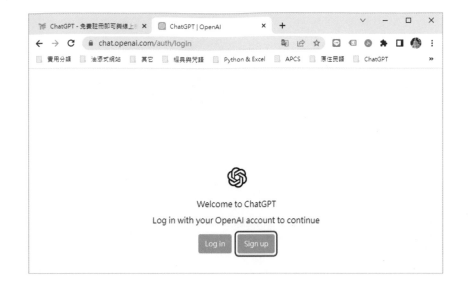

接著請輸入 Email 帳號；如果各位已有 Google 帳號或是 Microsoft 帳號，你也可以透過 Google 帳號或是 Microsoft 帳號進行註冊登入。此處我們直接示範以「接著輸入 Email 帳號的方式」來建立帳號，請在下圖視窗中間的文字輸入方塊中輸入要註冊的電子郵件，輸入完畢後，接著按下「Continue」鈕。

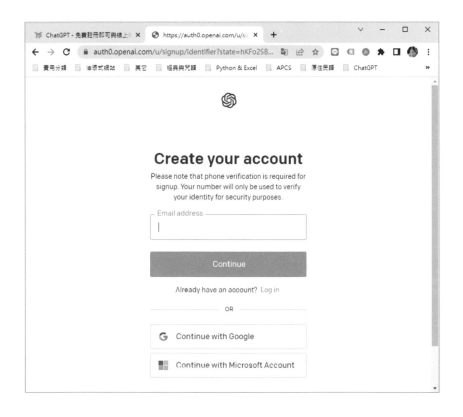

接著如果你是透過 Email 進行註冊，系統會要求輸入一組至少 8 個字元的密碼作為這個帳號的註冊密碼。

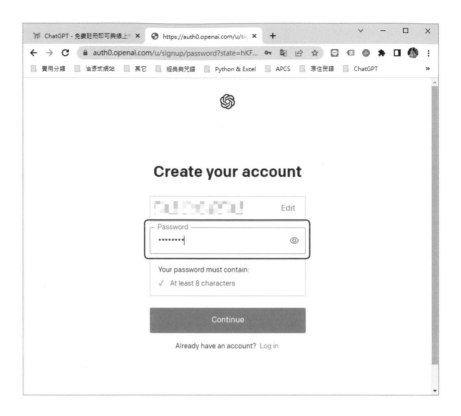

上圖輸入完畢後，接著再按下「Continue」鈕，會出現類似下圖的「Verify your email」的視窗。

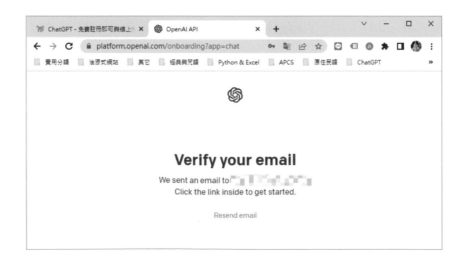

接著各位請打開自己的收發郵件的程式，可以收到如下圖的「Verify your email address」的電子郵件。請各位直接按下「Verify email address」鈕：

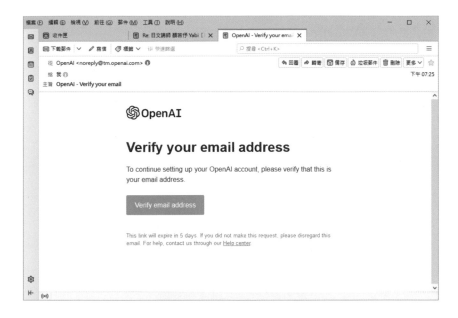

接著會直接進到下一步輸入姓名的畫面；請注意，這裡要特別補充說明的是，如果你是透過 Google 帳號或 Microsoft 帳號快速註冊登入，那麼就會直接進到下一步輸入姓名的畫面：

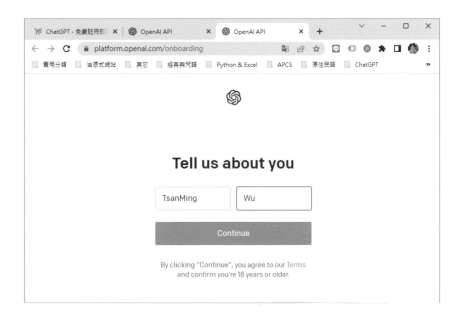

輸入完姓名後，請接著按下「Continue」鈕，這裡會要求各位輸入個人的電話號碼進行身分驗證；這是一個非常重要的步驟，如果沒有透過電話號碼來進行身分驗證，就沒有辦法使用 ChatGPT。請注意，下圖輸入行動電話時，請直接輸入行動電話後面的數字，例如你的電話是「0931222888」，只要直接輸入「931222888」，輸入完畢後，記得按下「Send Code」鈕。

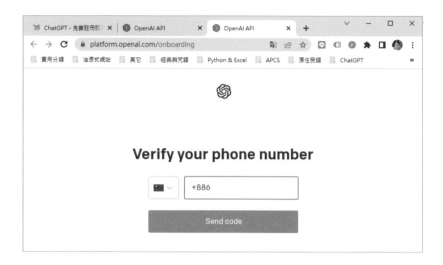

　　大概過幾秒後，各位就可以收到官方系統發送到指定號碼的簡訊，該簡訊會顯示 6 碼的數字。

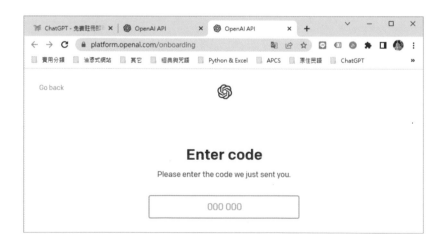

　　只要於上圖中輸入手機所收到的 6 碼驗證碼後，就可以正式啟用 ChatGPT。登入 ChatGPT 之後，會看到下圖畫面，在畫面中可以找到許多和 ChatGPT 進行對話的真實例子，也可以了解使用 ChatGPT 有哪些限制。

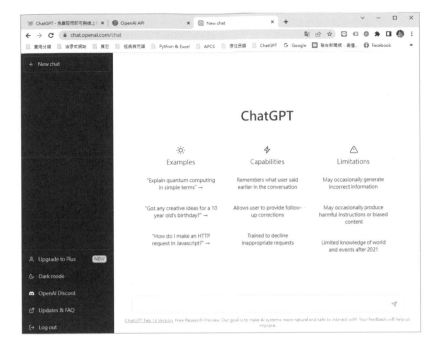

更換新的機器人

你可以藉由這種問答的方式，持續地去和 ChatGPT 對話。如果你想要結束這個機器人，可以點選左側的「New Chat」，他就會重新回到起始畫面，並新開一個新的訓練模型，這個時候輸入同一個題目，可能得到的結果會不一樣。

16-3 | 利用 ChatGPT 認識繪圖知識

在現代數位時代，繪圖已經成為許多人創作、設計和表達自我的重要方式之一。無論是專業的平面設計師、攝影師，還是對美感有追求的業餘愛好者，掌握繪圖知識是必不可少的。本小節將引導你透過與 ChatGPT 的互動，深入了解繪圖的基礎概念，從色相的入門認識到色彩模式和影像色彩類型的理解。

利用 ChatGPT 了解什麼是色相

色相是指色彩的基本屬性之一，它影響著我們對圖像的感知和情感反應。了解色相的基本概念是開展繪圖學習的重要第一步。在本小節中，我們將以 ChatGPT 提問色相的定義以及不同色相之間的關係。透過 ChatGPT 的解說和實例，你將能夠更好地理解和運用色相於你的繪圖創作中。

 Prompt 指令

請簡述在影像繪圖領域色相的定義以及不同色相之間的關係。

 ChatGPT 回答畫面

> TX　請簡述在影像繪圖領域色相的定義以及不同色相之間的關係
>
> 在影像繪圖領域，色相是指顏色的基本特徵之一，用於描述色彩在色譜中的位置。它是指色彩的純度，不受亮度（明度）和飽和度的影響。色相可以通過顏色在色譜上所處的位置來定義，常見的色譜包括色相環或彩虹光譜。
>
> 色相環是一種環形的色譜圖，將顏色按照色相的連續變化排列。在色相環中，紅色位於圖形頂部，接著是黃色、綠色、青色、藍色，最後是洋紅色，形成一個連續的循環。這意味著色相具有循環性，相鄰的色相之間具有相似的特徵。
>
> 不同色相之間的關係可以分為以下兩個方面：
>
> 1. 相似色相關係：相鄰的色相在色相環上靠近，它們之間具有相似的基本色調。這些相鄰的色相在視覺上相對較接近，並具有一定的色彩衍生關係。例如，紅色和橙色是相鄰的色相，它們之間具有溫暖的色調。
> 2. 互補色相關係：互補色相是指在色相環上相隔180度的色相。互補色相之間的關係是相互補充的，它們在視覺上產生強烈對比，常用於色彩平衡和創造動態效果。例如，紅色和綠色是互補色相，它們在一起形成強烈的對比效果。

理解色相的定義和不同色相之間的關係可以幫助我們更好地選擇和應用顏色，創造出令人驚艷的視覺效果。無論是平面設計、攝影還是數位繪圖，色相是一個重要的概念，值得我們深入研究和掌握。

利用 ChatGPT 了解色彩三要素

色彩是由三個主要要素組成的：色相、飽和度和明度。這三個要素相互作用，共同決定了我們所看到的色彩效果。本小節將深入探討色相、飽和度和明度這三個要素的意義和作用。透過 ChatGPT 的指引，你將學會如何運用這些要素來創造出令人驚艷的色彩效果。

Q Prompt 指令

請簡述在影像繪圖領域色相、飽和度和明度這三個要素的意義和作用。

ChatGPT 回答畫面

> **TX** 請簡述在影像繪圖領域色相、飽和度和明度這三個要素的意義和作用。
>
> 在影像繪圖領域，色相、飽和度和明度是三個重要的色彩要素，它們共同影響著圖像的色彩效果和視覺感受。
>
> 1. 色相（Hue）：色相是指顏色的基本特徵，用於描述色彩的純度和基本色調。不同的色相呈現出不同的顏色，例如紅色、綠色、藍色等。色相可以創造出不同的情感和氛圍，它在繪圖中用於選擇和配置顏色，營造特定的視覺效果。
> 2. 飽和度（Saturation）：飽和度指的是顏色的純度和鮮豔程度，也可以理解為顏色的鮮豔度。飽和度高的顏色顯得鮮明豔麗，而飽和度低的顏色則較灰暗或淡化。通過調整飽和度，我們可以改變圖像中的色彩強度和對比度，使其更加豐富表現力和生動。
> 3. 明度（Brightness）：明度指的是顏色的明暗程度，也可以理解為亮度。明度高的顏色看起來較亮和明亮，而明度低的顏色則較暗和陰影。通過調整明度，我們可以改變圖像的光線和陰影效果，營造出不同的光影效果和氛圍。
>
> 這三個要素在影像繪圖中相互交互作用，共同決定了圖像的色彩表現和視覺感受。透過調整色相、飽和度和明度，我們可以創造出多樣化的色彩效果，表達出不同的情感、氛圍和主題。它們在平面設計、攝影、數位繪畫等領域都扮演著關鍵的角色，幫助我們傳達訊息、引起注意、創造美感和產生視覺效果。

利用 ChatGPT 了解色彩模式

在數位繪圖中，色彩模式是影響圖像顯示和處理的重要因素。不同的色彩模式可以帶來不同的色彩表現和文件大小。在本小節中，我們將介紹一些常見的色彩模式，例如 RGB、CMYK 和灰階模式，並深入了解它們的特點和適用場景。ChatGPT 將與你分享實用的技巧和建議，幫助你選擇合適的色彩模式，以達到你所需的繪圖效果。

Q Prompt 指令

請簡述在影像繪圖領域 RGB 色彩模式的特點和適用場景。

ChatGPT 回答畫面

TX 請簡述在影像繪圖領域RGB色彩模式的特點和適用場景。

在影像繪圖領域，RGB 色彩模式是一種使用紅色（Red）、綠色（Green）和藍色（Blue）三原色來表示顏色的模式。它具有以下特點和適用場景：

特點：

1. 廣色域：RGB 色彩模式可以呈現極廣的色彩範圍，能夠表達出生動、飽滿的顏色效果。
2. 加法混色：通過不同強度的紅、綠、藍三原色的組合，產生各種顏色。三原色的混合可以創造出數量龐大的顏色變化。
3. 光源依賴：RGB 是建立在光線的加法混色原理上，對光源的顏色和亮度非常敏感。

適用場景：

1. 數位顯示：由於大多數數位設備（如電腦螢幕、數位攝影機、顯示器）使用紅、綠、藍燈光來顯示影像，因此 RGB 色彩模式是最常用的模式之一。它能夠準確地呈現影像在數位設備上的色彩效果。
2. 平面設計：RGB 色彩模式常用於平面設計，如網頁設計、圖標、海報等。它可以呈現鮮豔、飽滿的顏色效果，並在數位媒體上得到準確顯示。
3. 數位攝影：數位相機捕捉的影像通常以 RGB 色彩模式保存。RGB 能夠準確再現攝影中的色彩細節，並提供後期編輯和校色的彈性。
4. 視訊編輯：視訊編輯中常使用 RGB 色彩模式來處理和調整影像。RGB 可以確保視訊影像在不同顯示設備上的一致性和精確性。

總結來說，RGB 色彩模式在影像繪圖領域具有廣泛應用。它的廣色域、加法混色特性以及適應數位顯示設備的能力使其成為呈現真實顏色和創造多彩影像的理想選擇。

Q Prompt 指令

請簡述在影像繪圖領域 CMYK 色彩模式的特點和適用場景。

ChatGPT 回答畫面

TX　請簡述在影像繪圖領域CMYK色彩模式的特點和適用場景。

　　CMYK色彩模式在影像繪圖領域中具有以下特點和適用場景：

特點：

1. 顏色減法：CMYK色彩模式使用青色（Cyan）、洋紅色（Magenta）、黃色（Yellow）和黑色（Key）的組合來表示顏色。這是一種顏色減法模式，通過減少顏色的混合來產生其他顏色。
2. 有限色域：相較於RGB色彩模式，CMYK色彩模式的色域較窄，無法呈現一些極飽和和亮度較高的顏色。
3. 印刷專用：CMYK色彩模式主要用於印刷行業，它能夠準確再現印刷品的顏色效果，因為印刷過程使用的是青、洋紅、黃和黑色墨水。

適用場景：

1. 印刷設計：CMYK色彩模式是印刷設計中最常用的模式。它能夠準確呈現印刷品的顏色，提供可靠的顏色預覽和色彩管理，確保印刷品與設計意圖一致。
2. 印刷預備：在進行印刷前的預備工作中，將圖像轉換為CMYK色彩模式可以確保顏色的一致性和印刷品的準確呈現，以達到印刷需求。
3. 印刷品後期處理：在印刷品的後期處理中，CMYK色彩模式可用於調整顏色平衡、校色和印刷色彩校準，以獲得更準確的印刷效果。
4. 印刷流程控制：CMYK色彩模式有助於控制印刷流程中的色彩管理，確保印刷品與預期的顏色一致，並優化印刷成本和效率。

總結來說，CMYK色彩模式在影像繪圖領域中適用於印刷設計、印刷預備和印刷品後期處理等相關領域，以確保印刷品的色彩準確性和一致性。

請簡述在影像繪圖領域灰階色彩模式的特點和適用場景。

 ChatGPT 回答畫面

> TX 請簡述在影像繪圖領域灰階色彩模式的特點和適用場景。
>
> ⑤ 灰階色彩模式是一種只使用黑色和白色來表示顏色的模式。它的特點和適用場景如下:
>
> 特點:
>
> * 灰階色彩模式中只有黑、白和灰色的變化,沒有彩色。
> * 它是一種單色模式,適用於僅需要明暗變化而不需要彩色的情況。
>
> 適用場景:
>
> * 藝術繪畫:灰階色彩模式可以用於藝術繪畫中,以表達明暗和陰影效果,創造出具有藝術風格的作品。
> * 攝影處理:在攝影後期處理中,灰階模式可以用於調整照片的明暗對比度和陰影效果,提升影像的質感。
> * 特定效果表達:有時候,為了表達特定的情感或效果,可以將圖像轉換為灰階模式,以營造出獨特的視覺效果。
>
> 總結來說,灰階色彩模式在影像繪圖領域中適用於藝術繪畫、攝影後期處理和特定效果的表達。它強調明暗和陰影,並提供一種純粹的、簡約的視覺風格。

▶ 利用 ChatGPT 了解影像色彩類型

影像色彩類型是指不同類型的圖像所使用的色彩模式和色彩表現方式。了解不同的影像色彩類型可以幫助我們選擇合適的圖像格式和色彩配置,以滿足特定的需求和使用場景。透過與 ChatGPT 的對話,你將能夠更深入地理解各種影像色彩類型的差異和選擇原則。

Q Prompt 指令

請簡述在影像繪圖領域各種影像色彩類型的差異和選擇原則。

ChatGPT 回答畫面

> TX　請簡述在影像繪圖領域各種影像色彩類型的差異和選擇原則。
>
> 　在影像繪圖領域中，常見的影像色彩類型包括真彩色、索引色和灰階。它們之間的差異和選擇原則如下：
>
> 1. 真彩色（RGB色彩模式）：
>   * 差異：真彩色使用紅、綠、藍三個通道混合顯示顏色，能夠呈現豐富的色彩和細節。
>   * 選擇原則：適用於需要準確再現真實世界顏色的場景，如攝影、插圖和視覺效果設計。
> 2. 索引色（Indexed Color）：
>   * 差異：索引色使用一個色彩表（調色板）存儲有限的顏色，並將像素映射到這些顏色上。
>   * 選擇原則：適用於需要小文件大小和顏色限制的場景，如網頁設計、圖標和壓縮圖像。
> 3. 灰階：
>   * 差異：灰階僅使用黑白兩種色調來表示圖像，沒有彩色信息。
>   * 選擇原則：適用於僅需表達明暗和陰影效果的場景，如藝術繪畫、攝影後期處理和特定效果的表達。
>
> 選擇色彩類型的原則：
>
> * 真彩色是最常用的色彩模式，它提供了最廣泛的色彩範圍和細節，適合大多數影像繪圖需求。
> * 索引色適用於需要限制色彩數量和文件大小的場景，但較不適合呈現真實世界的細節。
> * 灰階適用於僅需表達明暗效果的情景，可以營造出獨特的視覺風格。
>
> 總結來說，選擇影像色彩類型時，根據需要的色彩範圍、文件大小和細節等因素來選擇適合的色彩模式，以確保圖像的表達符合預期。

利用 ChatGPT 了解點陣圖與向量圖

Q Prompt 指令

請簡述在影像繪圖領域點陣圖與向量圖的差別。

ChatGPT 回答畫面

> TX　請簡述在影像繪圖領域點陣圖與向量圖的差別。

> 　點陣圖和向量圖是影像繪圖領域中兩種不同的圖像格式,它們有以下差異:
>
> 點陣圖 (Raster Image) :
>
> * 點陣圖是由像素 (Pixel) 或圖像元素 (Image Element) 組成的。
> * 每個像素都具有特定的位置、顏色和亮度值。
> * 圖像的放大或縮小可能會導致像素的顯示效果變差,因為像素被拉伸或壓縮。
> * 點陣圖常見的檔案格式包括JPEG、PNG、GIF等。
> * 適用於包含複雜的顏色和細節的圖像,如照片、影像和真實場景。
>
> 向量圖 (Vector Image) :
>
> * 向量圖是由幾何形狀和數學描述組成的。
> * 形狀由線條、曲線、多邊形和曲面等基本元素構成。
> * 向量圖可以無損地放大或縮小,因為它們基於數學描述而不是像素。
> * 向量圖可以編輯和修改其形狀、顏色和屬性,而不會失去圖像的質量。
> * 向量圖常見的檔案格式包括AI、EPS、SVG等。
> * 適用於需要保持清晰度和可伸縮性的圖像,如商標、圖示、矢量藝術和平面設計。
>
> 總結來說,點陣圖以像素為基礎,適用於真實場景和複雜的圖像,而向量圖以幾何形狀為基礎,適用於需要保持清晰度和可縮放性的圖像。根據你的需求和使用場景,你可以選擇適合的圖像格式。

利用 ChatGPT 了解影像尺寸與解析度

 Prompt 指令

請簡述在影像繪圖領域影像尺寸與解析度兩者之間的關係。

 ChatGPT 回答畫面

> TX　請簡述在影像繪圖領域影像尺寸與解析度兩者之間的關係。

> 　在影像繪圖領域中,影像尺寸和解析度是兩個相關但不同的概念。
>
> 影像尺寸指的是圖像在實際空間中的尺寸大小,通常用像素 (Pixel) 表示。例如,一張影像的尺寸可以是寬度為1000像素、高度為800像素。

解析度則是指每英寸（或每公分）包含的像素數量，通常以「每英寸像素數」（Pixels Per Inch，PPI）或「每公分像素數」（Dots Per Centimeter，DPI）來衡量。解析度決定了影像的細節程度和清晰度。

影像尺寸和解析度之間存在關係，即影像尺寸乘以解析度等於圖像的總像素數量。例如，一張影像的尺寸為1000x800像素，解析度為300PPI，那麼總像素數為300,000像素（1000 x 800 = 300,000），這意味著在每英寸的空間中，有300個像素。

適當的解析度取決於影像的使用場景。對於網頁或電子屏幕上的影像，一般使用較低的解析度（例如72PPI），因為螢幕上的像素密度相對較低。而對於印刷品或高質量的圖像，則需要較高的解析度（例如300PPI或更高），以確保圖像細節的清晰度。

總結來說，影像尺寸是描述圖像的寬度和高度，解析度則是描述每英寸（或每公分）中的像素數量。這兩個因素共同影響影像的清晰度和細節。選擇適當的影像尺寸和解析度取決於圖像用途和輸出媒介。

在接下來的小節中，我們將透過 ChatGPT 的引導和解答，深入探討繪圖知識的更多方面，以擴展你的技能和創意。讓我們一起開始這段令人興奮的繪圖之旅吧！

▋16-4 ｜利用 ChatGPT 在 Photoshop 繪製圖形

在影像繪圖領域，Photoshop 和 Illustrator 是兩個廣泛使用的強大工具，它們可以幫助我們建立各種圖形和圖像效果。無論是從簡單的幾何圖形到複雜的插圖，這些軟體提供了豐富的功能和工具，使我們能夠實現創意和設計的目標。

本節將利用 ChatGPT 示範如何在 Photoshop 中繪製圖形。我們將介紹幾個實用的例子，示範如何使用這軟體來建立令人驚嘆的圖形效果。

● 繪製幾何形狀

我們將介紹如何使用 Photoshop 的形狀工具來繪製基本的幾何形狀，如正方形、圓形和三角形。你將學會調整形狀的尺寸、顏色和輪廓等屬性。

● Prompt 指令

請問如何使用 Photoshop 繪製幾何形狀。

ChatGPT 回答畫面

> TX 請問如何使用Photoshop繪製幾何形狀。

> ⑤ 使用Photoshop繪製幾何形狀的方法如下：
>
> 1. 開啟Photoshop軟體並建立一個新的文件。
> 2. 在工具列中選擇「形狀工具」。它通常位於工具列中的矩形工具旁邊，圖示看起來像是一個矩形或一個橢圓。
> 3. 在選項列中，選擇你想要繪製的形狀，例如矩形、圓形、橢圓、多邊形等。
> 4. 在你的圖像上按住滑鼠左鍵，拖曳滑鼠創建你的幾何形狀。如果想要保持形狀的比例，可以按住Shift鍵；如果想要從中心點開始繪製，可以按住Alt鍵。
> 5. 如果需要調整形狀的大小或位置，可以選擇「選擇工具」並點擊形狀圖層進行調整。使用變換工具可以自由地縮放、旋轉或移動形狀。
> 6. 若要更改形狀的顏色，可以在圖層面板中選擇形狀圖層，然後選擇適合的顏色或套用圖層樣式。
> 7. 如果需要更多控制，可以使用形狀圖層上的向量遮罩進行進一步編輯。點擊圖層面板中的向量遮罩圖示，然後使用向量工具進行編輯，例如新增點、調整曲線等。
>
> 這些是使用Photoshop繪製幾何形狀的基本步驟。你可以根據需要調整形狀的大小、顏色、位置等屬性，並組合使用不同的形狀來創造出獨特的圖形效果。

◆ 繪製自定義圖形

我們將探討如何在 Photoshop 中繪製自定義的圖形。

Q Prompt 指令

請問如何使用 Photoshop 繪製自定義圖形。

 ChatGPT 回答畫面

> TX 請問如何使用Photoshop繪製自定義圖形。

> ⑤ 使用Photoshop繪製自定義圖形的方法如下：
>
> 1. 開啟Photoshop軟體並建立一個新的文件。
> 2. 在工具列中選擇「形狀工具」，並點擊工具選項列中的「自訂形狀工具」。
> 3. 在選項中，點擊「編輯形狀」，打開自訂形狀編輯器。
> 4. 在自訂形狀編輯器中，你可以選擇不同的形狀，如矩形、圓形、多邊形，或者自由繪製曲線。選擇一個適合的工具。

5. 使用你選擇的工具，在文件中繪製你的自定義形狀。你可以點擊並拖曳來繪製基本形狀，或者使用筆工具來繪製複雜的曲線形狀。

6. 繪製形狀時，你可以按住Shift鍵來保持形狀的比例，或按住Alt鍵從中心點開始繪製。

7. 當你完成形狀的繪製後，你可以在自訂形狀編輯器中進一步調整形狀的屬性，如大小、角度、曲線的平滑度等。

8. 完成後，點擊自訂形狀編輯器中的「確定」按鈕，將自定義形狀應用到你的文件中。

這些是使用Photoshop繪製自定義圖形的基本步驟。通過使用自訂形狀工具和筆工具，你可以創建出獨特的圖形和曲線形狀，並在設計作品中應用它們。記得實踐和嘗試不同的技巧，以發揮你的創意和獨特風格。

繪製文字效果

我們將展示如何在 Photoshop 中建立獨特的文字效果。你將學會應用字體、文字效果和圖層樣式來為文字添加各種視覺效果。

Q Prompt 指令

請問如何使用 Photoshop 繪製文字效果。

ChatGPT 回答畫面

TX　請問如何使用Photoshop繪製文字效果。

使用Photoshop繪製文字效果的方法如下：

1. 開啟Photoshop軟體並建立一個新的文件。

2. 在工具列中選擇「文字工具」，它通常位於工具列中的筆刷工具旁邊，圖示看起來像是一個「T」。

3. 點擊在文件中你希望添加文字的位置，然後開始輸入你的文字。你可以在上方的選項列中設定文字的字體、大小和對齊方式。

4. 如果你想要對文字進行進一步的編輯和效果處理，你可以選擇文字圖層，然後在上方的選項列中進行調整。你可以更改文字的顏色、描邊、陰影等。

5. 若要創建更複雜的文字效果，你可以使用「圖層樣式」來添加陰影、浮雕、光線效果等。在圖層面板中選擇文字圖層，然後點擊底部的「圖層樣式」圖示（看起來像是一個fx），在彈出的選單中選擇適當的效果。

6. 除了單獨的文字圖層，你也可以將文字與其他圖層結合使用，例如圖像或形狀圖層，使用選擇工具選擇你的文字，然後將它拖動到其他圖層上方，以將它們合併在一起。

這些是使用Photoshop繪製文字效果的基本步驟。你可以根據需要調整文字的外觀和效果，並與其他圖層進行結合，以創建出獨特的文字設計效果。請不斷實踐和嘗試不同的文字效果，以展現你的創造力和個性。

16-5 │ ChatGPT 在 Photoshop 影像處理範例集

在本小節中，我們將展示 ChatGPT 在 Photoshop 影像處理方面的應用範例。ChatGPT 是一個強大的語言模型，擁有豐富的知識和技能，可以協助我們進行各種影像處理任務。我們將與 ChatGPT 合作，探索如何使用它的指導和建議，來解決常見的影像處理挑戰。

▶ 請 ChatGPT 協助修除影像的斑點

斑點是影像中常見的瑕疵，會影響圖像的整體質量。在本節中，我們將利用 ChatGPT 的指導，學習如何使用 Photoshop 去除影像中的斑點，使圖片呈現更加清晰和精緻的效果。

Q Prompt 指令

請問如何使用 Photoshop 去除臉上的斑點。

ChatGPT 回答畫面

TX　請問如何使用Photoshop去除臉上的斑點。

以下是使用Photoshop去除臉上斑點的基本步驟：

1. 打開圖像：在Photoshop中打開你想要處理的圖像。
2. 建立副本圖層：在圖層面板中，右鍵點擊圖像圖層，選擇「建立副本圖層」。這樣可以在處理時保留原始圖像的備份。
3. 使用修復筆工具：在工具欄中，選擇「修復筆工具」（Healing Brush Tool）或「修補工具」（Spot Healing Brush Tool）。
4. 設置筆刷大小：在選項欄中，調整筆刷的大小，選擇一個適合斑點大小的筆刷。
5. 參考選區：在圖像上選擇一個無斑點的區域作為參考。按住Alt鍵（Windows）或Option鍵（Mac），點擊參考區域選取。
6. 修復斑點：使用修復筆工具或修補工具，輕點或拖動在斑點上進行修復。工具會根據參考區域的紋理和顏色來填充斑點。
7. 重複修復：根據需要，重複使用修復筆工具或修補工具，在臉上的其他斑點進行修復。
8. 細節修飾：如果需要進一步修飾，可以使用其他工具如「銳化筆刷」（Sharpen Tool）或「柔焦筆刷」（Blur Tool）來調整斑點周圍的細節。
9. 保存圖像：完成修復後，保存圖像。

請注意，在進行這些步驟之前，建議先對圖像進行備份，以防止不可逆的修改。此外，根據斑點的嚴重程度和圖像的特定情況，可能需要進一步調整工具的參數和細節修飾的步驟。

請 ChatGPT 協助倒影效果

倒影效果是一種視覺效果，通常用於圖像和設計中，創造出物體或圖像的鏡像反射影像。倒影效果可以讓物體看起來像是放在反射表面上，產生出一種具有立體感和逼真感的視覺效果。

在倒影效果中，物體的影像以鏡像的形式出現在虛擬的水平面上，看起來就像是物體在水面或鏡子上的倒影。倒影效果可以讓圖像看起來更加生動、有層次感和視覺趣味性。

在設計中，倒影效果常用於產品展示、平面廣告、網頁設計等領域。它可以使產品或圖像看起來更加吸引人並增加視覺吸引力。倒影效果的建立可以透過圖像編輯軟體（如 Photoshop）中的技巧和工具來實現，例如複製圖像、翻轉、透明度和陰影效果的應用。

總結來說，倒影效果是一種透過創造物體的鏡像反射影像，為圖像和設計增添立體感和逼真感的視覺效果。

倒影效果可以為影像增添視覺吸引力和深度感。在這一節中，我們將利用 ChatGPT 的幫助，探索如何使用 Photoshop 創造出逼真的倒影效果，使圖片呈現出令人驚艷的視覺效果。

Q Prompt 指令

請問如何使用 Photoshop 創造影像的倒影效果。

ChatGPT 回答畫面

> TX　請問如何使用Photoshop創造影像的倒影效果。
>
> 以下是使用Photoshop創造影像的倒影效果的基本步驟：
>
> 1. 打開圖像：在Photoshop中打開你想要創造倒影效果的圖像。
> 2. 複製圖像：在圖層面板中，右鍵點擊原傳倒圖層，選擇「複製圖層」，這將創造出一個複層的副本。
> 3. 翻轉圖層：選擇副本圖層，在編輯菜單中選擇「變換」->「垂直翻轉」。這將使副本圖層垂直翻轉，創造出倒影的效果。
> 4. 調整倒影位置：使用移動工具（V），拖動倒影圖層，將其位置調整到適當的位置，使其與原始圖像的底部對齊。你也可以調整倒影圖層的大小，以獲得更符合視覺效果的倒影。

5. 添加透明度和模糊效果：選擇倒影圖層，在圖層面板中調整透明度，以使倒影看起來更加逼真。你也可以應用模糊濾鏡效果，使倒影看起來更柔和和模糊。

6. 調整陰影效果（可選）：根據需要，你可以在倒影圖層上應用陰影效果，以增加倒影的深度和真實感。

7. 完成和保存：完成倒影效果後，保存圖像。

請注意，實際的創造倒影效果可能因圖像的特定情況而有所不同。在進行這些步驟之前，建議先對圖像進行備份，以防止不可逆的修改。同樣地，根據所需的視覺效果，你可以進一步調整圖層的透明度、模糊程度和陰影效果等參數。

請 ChatGPT 加入各種不同的濾鏡效果

濾鏡效果是指在圖像處理或設計中應用不同的濾鏡效果，以改變圖像的外觀、紋理或色彩等特性。濾鏡效果可以使圖像呈現不同的風格、情感或視覺效果，從而增添視覺吸引力或創造特定的氛圍。

在數位圖像處理軟體（如 Photoshop）中，濾鏡效果通常是由各種預設的濾鏡選項組成，例如模糊、銳化、變形、風格化、顏色調整等。這些濾鏡可以應用於整個圖像或特定的選區，以產生所需的效果。

一些常見的濾鏡效果包括：

- 模糊濾鏡：用於創造柔和或模糊的外觀，如高斯模糊、變焦模糊等。
- 銳化濾鏡：增強圖像的清晰度和細節，如銳化、智能銳化等。
- 變形濾鏡：扭曲、彎曲或拉伸圖像，如魚眼效果、波浪效果等。
- 色彩調整濾鏡：改變圖像的色彩和色調，如曝光、飽和度、色彩平衡等。
- 藝術化濾鏡：為圖像應用藝術化效果，如油畫效果、水彩效果等。

濾鏡效果的選擇和應用取決於圖像處理的目標和設計需求。它們可以用於修飾照片、創造特殊效果、添加藝術化元素，或者改變圖像的整體外觀。適當地應用濾鏡效果可以增強圖像的視覺吸引力，提供獨特的風格和表達。

濾鏡效果可以為影像帶來豐富的風格和氛圍。在本節中，我們將與 ChatGPT 合作，學習如何在 Photoshop 中應用各種不同的濾鏡效果，從而創造出獨特且引人注目的影像風格。

Prompt 指令

請問如何使用 Photoshop 加入各種不同的濾鏡效果。

 ChatGPT 回答畫面

> TX　請問如何使用Photoshop加入各種不同的濾鏡效果。
>
> ⑨　在Photoshop中，你可以按照以下步驟使用不同的濾鏡效果：
>
> 1. 打開圖像：在Photoshop中打開你想要應用濾鏡效果的圖像。
> 2. 創建圖層副本（可選）：在圖層面板中，右鍵點擊圖像圖層，選擇「建立副本圖層」。這將創建出一個圖層的副本，以便你可以在副本上應用濾鏡效果，保留原始圖像的備份。
> 3. 選擇濾鏡效果：在菜單中選擇「濾鏡」->「濾鏡庫」，這將打開濾鏡庫窗口，其中包含各種可用的濾鏡效果。
> 4. 選擇和調整濾鏡效果：在濾鏡庫中，選擇你想要應用的濾鏡效果，並根據需要調整其參數。不同的濾鏡效果會有不同的選項可供調整，如模糊半徑、強度、顏色平衡等。
> 5. 預覽效果和應用：在濾鏡庫窗口中，你可以預覽濾鏡效果的實時預覽。一旦滿意效果，點擊「確定」來應用濾鏡效果。
> 6. 調整濾鏡效果的可見度（可選）：在圖層面板中，你可以調整應用濾鏡效果的圖層的不透明度，以控制效果的強度。透明度較低的圖層會呈現更柔和的濾鏡效果。
> 7. 完成和保存：完成濾鏡效果後，保存圖像。
>
> 請注意，具體的步驟和操作可能因Photoshop版本的不同而略有差異。同時，濾鏡效果的選擇和調整取決於你的設計需求和個人喜好。試著探索不同的濾鏡效果，結合調整和組合它們，以獲得你想要的視覺效果。

➡ 請 ChatGPT 為物體或人像加入陰影

陰影可以為物體或人像增添逼真感和立體感。在這一節中，我們將借助 ChatGPT 的協助，學習如何使用 Photoshop 為物體或人像添加陰影，以提高影像的真實感和質量。

 Prompt 指令

請問如何使用 Photoshop 為物體或人像加入陰影。

> TX 請問如何使用Photoshop為物體或人像加入陰影。
>
> ⑤ 以下是使用Photoshop為物體或人像加入陰影的基本步驟:
>
> 1. 打開你要編輯的照片並複製一份背景圖層,以便保留原始圖像。
> 2. 在圖層面板中,創建一個新圖層,並將其置於需要加入陰影的物體或人像圖層之下。
> 3. 選擇一個合適的筆刷工具,例如「軟邊筆刷工具」(Soft Round Brush Tool)。
> 4. 在新圖層上選擇一個暗色,通常是深灰色或黑色作為陰影的顏色。
> 5. 在物體或人像的下方,使用選擇的筆刷工具在新圖層上繪製陰影的形狀。根據光源的方向和物體的形狀,將陰影繪製在物體或人像的底部或側邊。
> 6. 繪製陰影時要注意光線的方向和強度,以使陰影看起來自然。
> 7. 完成繪製陰影後,可以調整陰影圖層的不透明度(Opacity)和混合模式(Blending Mode)來調整陰影的強度和外觀。
> 8. 如有需要,可以使用「模糊工具」(Blur Tool)或「羽化選擇」(Feather Selection)工具對陰影進行柔化,使其看起來更加逼真和自然。
> 9. 確保陰影圖層的位置和形狀與物體或人像相符,並根據需要進行調整和微調。
> 10. 完成編輯後,保存你的圖像。
>
> 需要注意的是,加入陰影需要根據光線和物體的特性來模擬,因此需要觀察和熟悉光影效果,以達到逼真和自然的結果。同樣地,根據場景和照片的要求,適度地調整陰影的強度和形狀,以使其與圖像整體保持一致。

◆ 詢問 ChatGPT 如何進行尺寸修改

尺寸修改是影像處理中常見的任務之一,它涉及調整圖像的大小和比例。在本節中,我們將與 ChatGPT 合作,了解如何使用 Photoshop 進行尺寸修改,以達到我們所需的影像尺寸和比例。

Q Prompt 指令

請問如何使用 Photoshop 進行尺寸修改。

 ChatGPT 回答畫面

> TX 請問如何使用Photoshop進行尺寸修改。
>
> ⑤ 以下是使用Photoshop進行尺寸修改的基本步驟:
>
> 1. 打開你要修改尺寸的圖像文件。
> 2. 在菜單欄中選擇「圖像」(Image)->「圖像大小」(Image Size)。
> 3. 在彈出的對話框中,你可以看到圖像的當前尺寸以及解析度(像素/英寸)。

4. 若要修改圖像的寬度和高度，請在「寬度」（Width）和「高度」（Height）字段中輸入所需的尺寸。你可以選擇以像素（Pixels）、英寸（Inches）、厘米（Centimeters）等作為單位。

5. 如果要保持圖像的長寬比例，請確保「保持長寬比例」（Constrain Proportions）方塊被勾選。

6. 當你修改尺寸時，可以看到預覽圖像的變化。確保所做的尺寸修改符合你的需求。

7. 如果需要修改圖像的解析度，可以在「解析度」（Resolution）字段中輸入所需的解析度值。一般來說，網頁圖像的解析度常為72像素/英寸，而印刷品通常需要較高的解析度。

8. 當你滿意修改後的尺寸和解析度設定時，點擊「確定」（OK）應用更改。

9. 最後，根據需要保存修改後的圖像。

請注意，尺寸修改可能會導致圖像的拉伸或壓縮，因此在進行尺寸調整時要謹慎。如果需要保持圖像品質，建議先備份原始圖像，以防需要返回到原始狀態。

詢問 ChatGPT 如何在圖片上加入標題文字

標題文字可以為圖片提供關鍵訊息和視覺引導。在這一節中，我們將利用 ChatGPT 的協助，學習如何使用 Photoshop 在圖片上添加標題文字，以增強圖像的表達力和訊息傳達。

Prompt 指令

請問如何使用 Photoshop 在圖片上加入標題文字。

ChatGPT 回答畫面

請問如何使用Photoshop在圖片上加入標題文字。

以下是使用Photoshop在圖片上加入標題文字的基本步驟：

1. 打開你要編輯的圖片。

2. 在工具欄中選擇「水平文字工具」（Horizontal Type Tool）。

3. 在工具選項欄中選擇所需的字體、字型大小和顏色。

4. 將滑鼠應用到圖片上的任意位置，然後開始輸入你的標題文字。文字將出現在一個新的圖層上。

5. 如果需要對文字進行位置調整，可以使用移動工具（Move Tool）拖動文字圖層到所需的位置。

6. 如果需要對文字進行格式調整，可以使用「字體工具欄」（Character Panel）進行進一步的字型、字間距、行間距等調整。

7. 如果需要對文字進行外觀效果調整，可以使用圖層風格（Layer Styles）如陰影、外發光、描邊等來裝飾文字。

8. 完成編輯後，保存你的圖片。

請注意，Photoshop提供了豐富的文字編輯工具和效果，你可以根據需要進一步探索和調整文字的外觀。此外，建議在進行任何編輯之前，先備份原始圖片，以便在需要時返回到原始狀態。

16-6 | 利用 ChatGPT 在 Illustrator 繪製圖形

本節將利用 ChatGPT 示範如何在 Illustrator 中繪製圖形。我們將介紹幾個實用的例子，示範如何使用這個軟體來建立令人驚嘆的圖形效果。從基本的形狀和線條到更複雜的圖形，你將學會使用這些工具和技巧提升你的繪圖能力。

在 Illustrator 繪製簡單向量圖形

我們將展示如何使用 Illustrator 的形狀工具建立簡單的向量圖形，如圓形、多邊形和星形。

 Prompt 指令

請問如何使用 Illustrator 繪製簡單向量圖形。

（笑臉圖示）**ChatGPT 回答畫面**

> TX　請問如何使用Illustrator繪製簡單向量圖形。
>
> ⑤　使用Illustrator繪製簡單向量圖形的方法如下：
>
> 1. 開啟Illustrator軟體並建立一個新的文件。
> 2. 在工具列中選擇適當的繪圖工具。例如，你可以使用「矩形工具」繪製矩形、使用「橢圓工具」繪製橢圓，或使用「筆工具」自由繪製形狀。
> 3. 選擇一個工具後，在文件中按住滑鼠並拖曳來繪製你的圖形。如果你想要保持形狀的比例，可以按住Shift鍵；如果你想要從中心點開始繪製，可以按住Alt鍵。
> 4. 若要進一步調整圖形的大小、形狀或其他屬性，可以使用選擇工具選擇圖形，然後在上方的選項列中進行調整。你可以更改填充顏色、輪廓顏色、線條粗細等。
> 5. 如果你需要創建更複雜的圖形，例如曲線形狀或不規則形狀，你可以使用「筆工具」。點擊筆工具並在文件中點擊以創建連續的錨點，然後調整曲線形狀。你可以添加、刪除和調整錨點，以創建所需的形狀。
> 6. 若要更進一步編輯和調整圖形的細節，可以使用「直接選擇工具」。這個工具允許你選擇和調整圖形的個別錨點或線段。
>
> 這些是使用Illustrator繪製簡單向量圖形的基本步驟。Illustrator是一個功能強大的矢量繪圖工具，你可以根據需要繪製各種形狀和圖形。請隨意嘗試不同的繪圖工具和技巧，並探索Illustrator的各種功能，以創造出獨特和精確的向量圖形。

在 **Illustrator** 繪製插圖

我們將介紹如何使用 Illustrator 的繪圖工具和筆工具來建立複雜的插圖，以創造出獨特而生動的插圖作品。

Q Prompt 指令

> 請問如何使用 Illustrator 繪製插圖。

ChatGPT 回答畫面

> TX 請問如何使用Illustrator繪製插圖。
>
> 使用Illustrator繪製插圖的方法如下：
>
> 1. 開啟Illustrator軟體並建立一個新的文件。
> 2. 確定你想要繪製的插圖的主題和風格。這將幫助你在繪製過程中有一個明確的方向。
> 3. 使用適當的繪圖工具開始繪製插圖的基本形狀。例如，你可以使用「筆工具」來繪製曲線和自由形狀，使用「形狀工具」來繪製基本的幾何形狀。
> 4. 進行插圖的細節繪製。這包括添加更多的線條、錨點和形狀，以創建插圖的特定特徵和元素。
> 5. 在繪製過程中使用不同的繪圖工具和選項來創造不同的效果。例如，你可以使用「鉛筆工具」創建手繪的效果，或使用「羽化工具」添加柔和的陰影效果。
> 6. 使用顏色工具和調色板來為插圖添加顏色。你可以選擇單一的填充顏色或使用漸變工具創建漸變效果。
> 7. 確保對齊和排列插圖中的元素，以確保整體的均衡和視覺吸引力。
> 8. 保存你的插圖並導出為所需的格式，如AI、EPS或SVG，以供後續使用。
>
> 這些是使用Illustrator繪製插圖的基本步驟。插圖可以是各種風格和主題，你可以根據自己的創意和需求來繪製獨特的插圖作品。請不斷實踐和嘗試不同的繪圖工具和技巧，並發揮你的創造力，以創建出引人入勝的插圖作品。

在 **Illustrator** 使用文字工具

我們將探索 Illustrator 的文字工具，學習如何建立和編輯文字。你將學會調整字體、對齊文字、應用文字效果等。

Prompt 指令

請問如何使用 Illustrator 使用文字工具。

 ChatGPT 回答畫面

> TX 請問如何使用Illustrator使用文字工具。
>
> 使用Illustrator的文字工具來添加和編輯文字的方法如下：
>
> 1. 開啟Illustrator軟體並建立一個新的文件。
> 2. 在工具列中找到並選擇「文字工具」。它通常位於工具列上方的工具組中，圖示是一個「T」。
> 3. 在你希望添加文字的位置點擊滑鼠，然後開始輸入你的文字。你可以在上方的選項列中調整文字的字體、大小、對齊方式和顏色。
> 4. 若要編輯已存在的文字，使用選擇工具選擇文字，然後進行相應的編輯。你可以在上方的選項列中更改文字的任何屬性。
> 5. 若要創建特殊的文字效果，例如文字曲線或環繞圖形的文字，可以使用「文本路徑工具」或「文字樣式工具」。這些工具位於文字工具旁邊的選單中。
> 6. 若要將文字轉換為形狀，可以選擇文字，然後從「物件」選單中選擇「創建輪廓」。這將將文字轉換為可編輯的矢量形狀。
> 7. 若要將文字放入形狀或圖形中，你可以使用「複製和粘貼」或「將文字拖入」的方法。首先選擇你要放置文字的形狀或圖形，然後將文字從文本框中複製並粘貼到所選形狀或圖形中。
> 8. 調整文字的排列和對齊，以確保整體的平衡和外觀。
> 9. 保存你的Illustrator文件並導出為所需的格式，如AI、EPS或PDF，以供後續使用。
>
> 這些是使用Illustrator的文字工具來添加和編輯文字的基本步驟。Illustrator提供了豐富的文字編輯和排版功能，你可以根據需要創造各種文字效果和樣式。請根據你的創意和需求來使用這些工具，並不斷實踐和嘗試不同的文字設計。

16-7 | ChatGPT 在 Illustrator 向量圖形設計範例集

　　在本小節中，我們將探索 ChatGPT 在 Illustrator 向量圖形設計方面的應用範例。ChatGPT 作為一個強大的語言模型，具備廣泛的知識和技能，可以為我們提供指導和建議，協助我們在 Illustrator 中進行向量圖形的設計和創作。我們將與 ChatGPT 合作，深入了解如何運用其能力來實現各種向量圖形設計的目標。

➡ 詢問如何進行文字樣式的設定

文字樣式在設計中起著重要的作用，可以為文字添加獨特的風格和效果。在這一節中，我們將與 ChatGPT 互動，學習如何使用 Illustrator 進行文字樣式的設定，從而創造出具有個性和視覺吸引力的文字效果。

Ⓠ Prompt 指令

請問如何使用 Illustrator 進行文字樣式的設定。

🤖 ChatGPT 回答畫面

> TX 請問如何使用Illustrator進行文字樣式的設定。
>
> 🅢 在Illustrator中，你可以使用文字樣式（Text Styles）來快速設定和應用一致的文字外觀。以下是使用Illustrator進行文字樣式設定的基本步驟：
>
> 1. 打開Illustrator並創建一個新的文檔。
> 2. 在工具欄中選擇「文字工具」（Type Tool）。
> 3. 在文檔中創建一個文字框，並在其中輸入你的文字。
> 4. 在文字框中選擇你要設定樣式的文字。
> 5. 打開「文字樣式」面板（Window -> Type -> Character Styles）。
> 6. 在文字樣式面板中，點擊右上角的「新建文字樣式」圖標。
> 7. 在彈出的對話框中，為你的文字樣式命名，然後點擊「OK」。
> 8. 在文字樣式面板中，你可以選擇和調整各種文字屬性，如字體、字體大小、字間距、行間距、顏色等。進行相應的修改後，這些設定將應用於選中的文字。
> 9. 如果你需要應用該文字樣式到其他文本，只需選中其他文本框，然後在文字樣式面板中點擊你創建的文字樣式。
> 10. 如有需要，你還可以進一步編輯和更新文字樣式，只需在文字樣式面板中選中該樣式，進行相應的修改和調整即可。
>
> 通過使用文字樣式，你可以輕鬆地保持一致的文字外觀，並且在需要時可以快速應用到不同的文本。請注意，在進行任何編輯之前，建議先備份原始文檔，以便在需要時返回到原始狀態。

➡ 如何將 Illustrator 的 ai 檔案格式轉成 PDF

PDF 是一種廣泛使用的檔案格式，具有良好的可攜性和可共享性。在這一節中，我們將與 ChatGPT 合作，探討如何使用 Illustrator 將 .ai 檔案格式轉換為 PDF，以方便文件的保存、共享和印刷。

請問如何使用 Illustrator 將 Illustrator 的 ai 檔案格式轉成 PDF。

ChatGPT 回答畫面

TX 請問如何使用Illustrator將Illustrator的ai檔案格式轉成PDF。

在Illustrator中，你可以輕鬆地將Illustrator的.ai檔案格式轉換為PDF。以下是使用Illustrator進行轉換的基本步驟：

1. 打開你想要轉換的Illustrator .ai檔案。
2. 在菜單欄中選擇「文件」（File）->「另存為」（Save As）。
3. 在彈出的對話框中，選擇所需的保存位置和檔案名稱。
4. 在「格式」（Format）下拉菜單中，選擇「Adobe PDF」。
5. 點擊「保存」（Save）。
6. 在彈出的「Adobe PDF 選項」（Adobe PDF Options）對話框中，你可以進一步設定PDF的選項，如壓縮、文檔結構、頁面尺寸等。根據需要進行相應的調整。
7. 確認設定後，點擊「保存」（Save）。
8. 接下來，你可以在指定的保存位置找到轉換為PDF的檔案。

請注意，將Illustrator檔案轉換為PDF格式可以方便地共享和打印，同時保留矢量圖形的品質和可編輯性。如果你需要保留多頁的Illustrator文檔，可以在保存時選擇「Adobe PDF（多頁）」，並將所有頁面保存為一個PDF文檔。

如何在 Illustrator 建立 3D 物件

3D 物件可以為設計作品增添立體感和視覺效果。在本節中，我們將利用 ChatGPT 的指導，學習如何使用 Illustrator 建立 3D 物件，從而創造出令人驚豔的立體圖形。

Q Prompt 指令

請問如何使用 Illustrator 建立 3D 物件。

ChatGPT 回答畫面

TX 請問如何使用Illustrator建立3D物件。

在Illustrator中，你可以使用一些工具和效果來建立和渲染3D物件。以下是使用Illustrator建立3D物件的基本步驟：

1. 打開Illustrator並創建一個新的文檔。

2. 使用「形狀工具」（Shape Tool）在畫布上創建你想要使用的基本形狀，如矩形、圓形等。這將作為你的3D物件的基礎。

3. 選擇你創建的形狀，然後在菜單欄中選擇「效果」（Effect）->「3D」，這裡你可以選擇不同的3D效果選項，如「旋轉」（Rotate）、「挤压」（Extrude）等。

4. 在彈出的「3D效果選項」對話框中，你可以進一步設定3D物件的參數，如旋轉角度、深度、光照等。根據需要進行相應的調整。

5. 預覽和調整3D效果後，點擊「OK」。

6. Illustrator將根據你的設定應用3D效果到選中的形狀，並將其轉換為3D物件。

7. 如果需要進一步編輯3D物件，你可以使用「3D旋轉工具」（3D Rotation Tool）和「3D挤压工具」（3D Extrude Tool）等工具進行調整和變形。

8. 可以使用「色彩工具欄」（Color Panel）或「外觀面板」（Appearance Panel）來添加顏色和材質到3D物件上，以使其更具視覺效果。

請注意，Illustrator的3D功能相對較簡單，並不能完全替代專業的3D建模軟體。然而，它提供了一些基本的3D效果和調整選項，可以用來創建簡單的3D物件和效果。

如何在 Illustrator 建立圖表

圖表在資料可視化和資訊呈現方面起著重要的作用。在這一節中，我們將與 ChatGPT 合作，了解如何使用 Illustrator 建立各種類型的圖表，包括柱狀圖、折線圖、餅圖等，以清晰、有吸引力的方式展示資料和統計資訊。

Prompt 指令

請問如何使用 Illustrator 建立圖表。

ChatGPT 回答畫面

請問如何使用Illustrator建立圖表。

使用Illustrator建立圖表可以幫助我們以清晰、有吸引力的方式呈現數據和統計資訊。以下是在Illustrator中建立圖表的一般步驟：

1. 打開Illustrator並創建一個新的文檔。
2. 選擇"窗口"菜單中的"圖表"選項，以打開圖表工具欄。
3. 在圖表工具欄中，選擇你想要的圖表類型，例如柱狀圖、折線圖、餅圖等。
4. 在畫布上使用拖拽工具繪製出圖表的基本形狀，指定圖表的大小和位置。
5. 點擊圖表工具欄中的"圖表數據"按鈕，以輸入或導入你的數據。
6. 在圖表數據編輯器中，輸入或粘貼你的數據，並進行必要的編輯和調整。
7. 根據需要，自定義圖表的樣式、顏色、字體等屬性，以使其與你的設計風格相符。
8. 預覽和調整圖表，確保數據的準確性和視覺效果的滿意度。
9. 完成後，保存你的Illustrator文檔，以便以後進行修改或導出為其他格式（如JPEG、PNG、PDF等）使用。

這些步驟提供了一個基本的指導，但具體的操作可能會根據你的圖表類型和數據要求有所不同。Illustrator提供了強大的圖表工具和自定義選項，你可以根據需要進一步探索和發揮創意。

如何在 Illustrator 使用創意符號

創意符號可以為設計作品添加獨特的視覺元素和風格。在這一節中,我們將與 ChatGPT 互動,探討如何在 Illustrator 中使用創意符號,以實現設計的創新和差異化。

Prompt 指令

請問在 Illustrator 如何使用創意符號。

ChatGPT 回答畫面

TX 請問在Illustrator如何使用創意符號。

在Illustrator中,創意符號(Creative Symbols)是一種方便的功能,可以幫助你在設計中重複使用元素並保持一致性。以下是使用創意符號的基本步驟:

1. 打開Illustrator並創建一個新的文檔。
2. 設計或匯入你想要作為符號的圖形或元素。
3. 選擇你的圖形或元素,然後在菜單欄中選擇「窗口」(Window)->「符號」(Symbols)以打開「符號」面板。
4. 在「符號」面板中,點擊右上角的「新符號」(New Symbol)圖示。
5. 在彈出的對話框中,可以設定符號的名稱和其他選項。確定設定後,點擊「OK」。
6. 創建的圖形或元素現在已經被定義為一個符號,並在「符號」面板中顯示。
7. 若要使用符號,只需選擇「符號」面板中的符號,然後在畫布上按一下即可放置一個符號實例。你可以複製、縮放、旋轉和變形符號實例,並且所有實例都會同步更新。
8. 若要進一步編輯符號,可以選擇「符號」面板中的符號,進行變形、顏色調整或其他操作。所有相關的符號實例都會同步更新。
9. 如果你需要修改符號的原始圖形或元素,只需編輯原始圖形或元素,所有相關的符號實例也將自動更新。

創意符號使得在Illustrator中重複使用元素變得更加靈活和高效。它可以應用於設計中的各種情境,例如創建重複的圖標、圖案或裝飾元素等。透過符號,你可以輕鬆地保持設計的一致性,並節省時間和工作量。

CHAPTER

17

酷炫的生成式 AI 繪圖平台與工具

在這個數位時代，人工智慧（AI）正以驚人的速度發展和應用於各個領域。其中，生成式 AI 繪圖成為一個引人注目的研究領域，它結合了機器學習、圖像處理和創意藝術，透過演算法生成以人類藝術家為靈感的圖像和繪畫。這種技術不僅在藝術創作領域中具有巨大潛力，還廣泛應用於遊戲開發、設計和影視製作等領域。然而，隨著生成式 AI 繪圖技術的快速發展，也引發了一系列道德和法律問題，需要我們進一步探討和思考。

17-1 | 認識生成式 AI 繪圖

本節將首先介紹生成式 AI 繪圖的基本概念和原理。生成式 AI 繪圖是指利用深度學習和生成對抗網路（Generative Adversarial Networks，簡稱 GAN）等技術，使機器能夠生成逼真、創造性的圖像和繪畫。

深度學習算是 AI 的一個分支，也可以看成是具有更多層次的機器學習演算法，深度學習蓬勃發展的原因之一，無疑就是持續累積的大數據。

生成對抗網路是一種深度學習模型，用來生成逼真的假資料。GAN 由兩個主要組件組成：產生器（Generator）和判別器（Discriminator）。

產生器是一個神經網路模型，它接收一組隨機噪音作為輸入，並試圖生成與訓練資料相似的新資料。換句話說，產生器的目標是生成具有類似統計特徵的資料，例如圖片、音訊、文字等。產生器的輸出會被傳遞給判別器進行評估。

判別器也是一個神經網路模型，它的目標是區分產生器生成的資料和真實訓練資料。判別器接收由產生器生成的資料和真實資料的樣本，並試圖預測輸入資料是來自產生器還是真實資料。判別器的輸出是一個概率值，表示輸入資料是真實資料的概率。

GAN 的核心概念是產生器和判別器之間的對抗訓練過程。產生器試圖欺騙判別器，生成逼真的資料以獲得高分，而判別器試圖區分產生器生成的資料和真實資料，並給出正確的標籤。這種競爭關係迫使產生器不斷改進生成的資料，使其越來越接近真實資料的分布，同時判別器也隨之提高其能力以更好地辨別真實和生成的資料。

透過反覆迭代訓練產生器和判別器，GAN 可以生成具有高度逼真性的資料。這使得 GAN 在許多領域中都有廣泛的應用，包括圖片生成、影片合成、音訊生成、文字生成等。

生成式 AI 繪圖是指利用生成式人工智慧（AI）技術來自動生成或輔助生成圖像或繪畫作品。生成式 AI 繪圖可以應用於多個領域，例如：

- **圖像生成**：生成式 AI 繪圖可用於生成逼真的圖像，如人像、風景、動物等。這在遊戲開發、電影特效和虛擬實境等領域廣泛應用。

- **補全和修復**：生成式 AI 繪圖可用於圖像補全和修復，填補圖像中的缺失部分或修復損壞的圖像。這在數位修復、舊照片修復和文化遺產保護等方面具有實際應用價值。

- **藝術創作**：生成式 AI 繪圖可作為藝術家的輔助工具，提供創作靈感或生成藝術作品的基礎。藝術家可以利用這種技術生成圖像草圖、著色建議或創造獨特的視覺效果。

- **概念設計**：生成式 AI 繪圖可用於產品設計、建築設計等領域，幫助設計師快速生成並視覺化各種設計概念和想法。

總而言之，生成式 AI 繪圖透過深度學習模型和生成對抗網路等技術，能夠自動生成逼真的圖像，在許多領域中展現出極大的應用潛力。

● 有哪些 AI 繪圖生圖神器

在本節中，我們將介紹一些著名的 AI 繪圖生成工具和平台，這些工具和平台將生成式 AI 繪圖技術應用於實際的軟體和工具中，讓普通用戶也能輕鬆地創作出美麗的圖像和繪畫作品。這些 AI 繪圖生成工具和平台的多樣性使用戶可以根據個人喜好和需求選擇最適合的工具。一些工具可能提供照片轉換成藝術風格的功能，讓用戶能夠將普通照片轉化為令人驚豔的藝術作品，其他工具則可能專注於提供多種繪畫風格和效果，讓用戶能夠以全新的方式表達自己的創意。以下是一些知名的 AI 繪圖生成工具和平台的例子：

■ Midjourney

Midjourney 是一個 AI 繪圖平台,它讓使用者無需具備高超的繪畫技巧或電腦技術,僅需輸入幾個關鍵字,便能快速生成精緻的圖像。這款繪圖程式不僅高效,而且能夠提供出色的畫面效果。

網站連結 https://www.midjourney.com

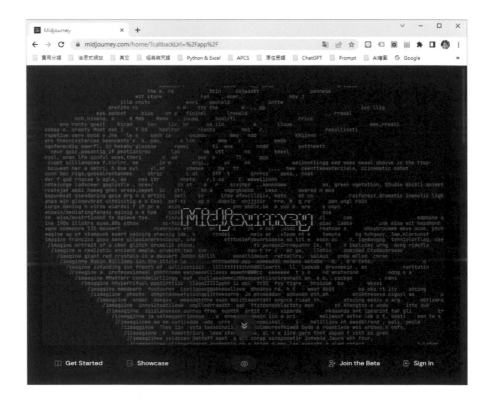

■ Stable Diffusion

Stable Diffusion 是一個於 2022 年推出的深度學習模型,專門用於從文字描述生成詳細圖像。除了這個主要應用,它還可應用於其他任務,例如內插繪圖、外插繪圖,以及以提示詞為指導生成圖像翻譯。

網站連結 https://stablediffusionweb.com/

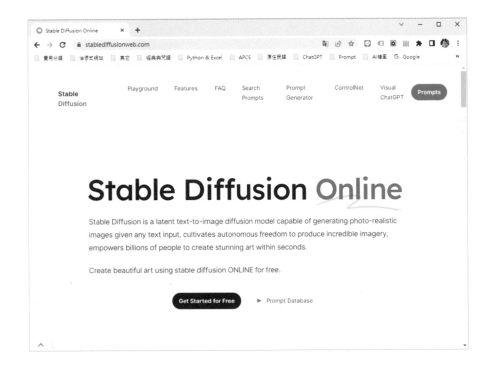

■ DALL-E 2

非營利的人工智慧研究組織 OpenAI 在 2021 年初推出了名為 DALL-E 的 AI 製圖模型。DALL-E 這個名字是藝術家薩爾瓦多·達利（Salvador Dali）和機器人瓦力（WALL-E）的合成詞。使用者只需在 DALL-E 這個 AI 製圖模型中輸入文字描述，就能生成對應的圖片。而 OpenAI 後來也推出了升級版的 DALL-E 2，這個新版本生成的圖像不僅更加逼真，還能夠進行圖片編輯的功能。

網站連結 https://openai.com/dall-e-2

■ Bing Image Creator

微軟 Bing 針對台灣用戶推出了一款免費的 AI 繪圖工具，名為「Bing Image Creator（影像建立者）」。這個工具是基於 OpenAI 的 DALL-E 圖片生成技術開發而成。使用者只需使用他們的微軟帳號登入該網頁，即可免費使用，並且對於一般用戶來說非常容易上手。使用這個工具非常簡單，圖片生成的速度也相當迅速（大約幾十秒內完成），只需要在提示語欄位輸入圖片描述，即可自動生成相應的圖片內容。不過需要注意的是，一旦圖片生成成功，每張圖片的左下方會帶有微軟 Bing 的小標誌，使用者可以自由下載這些圖片。

網站連結 https://www.bing.com/create

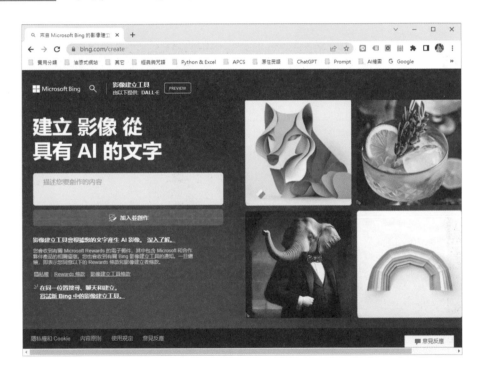

17-7

■ Playground AI

　　Playground AI 是一個簡易且免費使用的 AI 繪圖工具。使用者不需要下載或安裝任何軟體，只需使用 Google 帳號登入即可。每天提供 1000 張免費圖片的使用額度，相較於其他 AI 繪圖工具的限制更大，讓你有足夠的測試空間。使用上也相對簡單，提示詞接近自然語言，不需調整複雜參數。首頁提供多個範例供參考，當各位點擊「Remix」可以複製設定重新繪製一張圖片。請注意使用量達到 80% 時會通知，避免超過 1000 張限制，否則隔天將限制使用間隔時間。

網站連結 https://playgroundai.com/

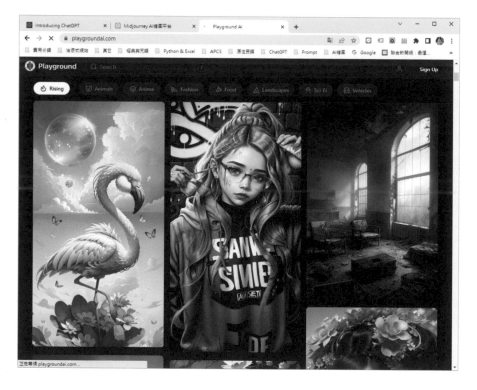

　　這些知名的 AI 繪圖生成工具和平台提供了多樣化的功能和特色，讓用戶能夠嘗試各種有趣和創意的 AI 繪圖生成。然而，需要注意的是，有些工具可能需要付費或提供高級功能時需付費，在使用這些工具時，請務必遵守相關的使用條款和版權規定，尊重原創作品和知識產權。

使用這些工具時，除了遵守使用條款和版權規定外，也要注意隱私和資料安全，確保你的圖像和個人資訊在使用過程中得到妥善保護。此外，了解這些工具的使用限制和可能存在的浮水印或其他限制，以便做出最佳選擇。

藉助這些 AI 繪圖生成工具和平台，你可以在短時間內創作出令人驚艷的圖像和繪畫作品，即使你不具備專業的藝術技能。請享受這些工具帶來的創作樂趣，並將它們作為展示你創意的一種方式。

生成式 AI 繪圖道德與法律問題

生成式 AI 繪圖技術的迅速發展也帶來了一系列道德和法律上的問題。在這一節中，我們將討論這些問題的本質和影響。例如，生成的圖像是否侵犯了版權和知識產權？我們應該如何處理生成式 AI 繪圖中的欺詐和偽造問題？同時，我們也會探討隱私和資料安全等議題。

生成的圖像是否侵犯了版權和知識產權？

生成的圖像是否侵犯了版權和知識產權是生成式 AI 繪圖中一個重要的道德和法律問題。這個問題的答案並不簡單，因為涉及到不同國家的法律和法規，以及具體情境的考量。

首先，生成式 AI 繪圖是透過學習和分析大量的圖像資料來生成新的圖像。這意味著生成的圖像可能包含了原始資料集中的元素和特徵，甚至可能與現有的作品相似。如果這些生成的圖像與已存在的版權作品相似度非常高，可能會引發版權侵犯的問題。

然而，要確定是否存在侵權，需要考慮一些因素，如創意的獨創性和原創性。如果生成的圖像是透過模型根據大量的資料自主生成的，並且具有獨特的特點和創造性，可能被視為一種新的創作，並不侵犯他人的版權。

此外，法律對於版權和知識產權的保護也是因地區而異的，不同國家和地區有不同的版權法律和法規，其對於原創性、著作權期限以及著作權歸屬等方面的規定也不盡相同。因此，在判斷生成的圖像是否侵犯版權時，需要考慮當地的法律條款和案例判例。

總之，生成式 AI 繪圖引發的版權和知識產權問題是一個複雜的議題，確定是否侵犯版權需要綜合考慮生成圖像的原創性、獨創性以及當地法律的規定。對於任何涉及版權的問題，建議諮詢專業法律意見以確保遵守當地法律和法規。

■ 處理生成式 AI 繪圖中的欺詐和偽造問題

生成式 AI 繪圖的欺詐和偽造問題需要綜合的解決方法。以下是幾個關鍵的措施：

首先，技術改進是處理這個問題的重點。研究人員和技術專家應該致力於改進生成式模型，以增強模型的辨識能力，這可以透過更強大的對抗樣本訓練、更好的資料正規化和更深入的模型理解等方式實現。這樣的技術改進可以幫助識別生成的圖像，並區分真實和偽造的內容。

其次，資料驗證和來源追蹤是關鍵的措施之一。建立有效的資料驗證機制可以確保生成式 AI 繪圖的資料來源的真實性和可信度，這可以包括對資料進行標記、驗證和驗證來源的技術措施，以確保生成的圖像是基於可靠的資料

第三，倫理和法律框架在生成式 AI 繪圖中也扮演重要作用。建立明確的倫理準則和法律框架可以規範使用生成式 AI 繪圖的行為，限制不當使用；這可能涉及監管機構的參與、行業標準的制定和相應的法律法規的制定。這樣的框架可以確保生成式 AI 繪圖的合理和負責任的應用。

第四，公眾教育和警覺也是重要的面向。對於一般用戶和公眾來說，理解生成式 AI 繪圖的能力和限制是關鍵的。公眾教育的活動和資源可以提高大眾對這些問題的認識，並提供指南和建議，以幫助他們更好地應對。這可以包括向用戶提供識別偽造圖像的工具和資源，以及教育用戶如何使用生成式 AI 繪圖技術的適當方式。

此外，合作和多方參與也是解決這個問題的關鍵。政府、學術界、技術公司和社會組織之間的合作是處理生成式 AI 繪圖中的欺詐和偽造問題的關鍵。這些利害相關者可以共同努力，透過知識共享、經驗交流和協作合作來制定最佳實踐和標準。

另外，技術公司和平台提供商可以加強內部審查機制，確保生成式 AI 繪圖技術的合規和遵守相關政策。他們可以設計機制，對使用者提交的內容進行監測和審查，以減少欺詐和偽造的發生。同時，也應該鼓勵用戶提供回饋和建議，以改進生成式 AI 繪圖系統的安全性和可靠性。

還有政府和監管機構在處理生成式 AI 繪圖的欺詐和偽造問題方面發揮著關鍵作用。他們可以制定相應的法律法規，明確生成式 AI 繪圖的使用限制和義務，確保技術的負責任和合規性。

總之，處理生成式 AI 繪圖中的欺詐和偽造問題需要多方面的努力和合作。透過技術改進、資料驗證、倫理法律框架、公眾教育和社區監管等綜合措施，我們可以更好地應對這個挑戰，確保生成式 AI 繪圖技術的合理和負責任使用，保護用戶和社會的利益。

■ 生成式 AI 繪圖隱私和資料安全

生成式 AI 繪圖引發了一系列與隱私和資料安全相關的議題。以下是對這些議題的簡要介紹：

1. **資料隱私**：生成式 AI 繪圖需要大量的資料作為訓練資料，這可能涉及用戶個人或敏感訊息的收集和處理。因此，保護資料隱私成為一個重要的問題。確保資料的合法收集和處理，以及適當的資料保護和隱私保護措施，如資料加密、安全儲存和傳輸等，都是必要的。

2. **模型偏見和資料歧視**：生成式 AI 繪圖模型可能存在偏見和歧視問題，這意味著它們可能會在生成圖像時重現社會偏見或輸出具有歧視性的內容。這種偏見可能源於訓練資料的偏斜性，或是模型學習到的社會偏見。解決這個問題需要進一步的研究和改進，以減少模型的偏見並提高生成圖像的公正性和多樣性。

3. **資料洩露和滲透**：生成式 AI 繪圖系統涉及大量的資料處理和儲存，因此存在資料洩露和滲透的風險，這可能導致個人敏感訊息的外洩或用於惡意用途。為了確保資料的安全，技術公司和平台提供商需要實施強大的安全措施，如加密通信、儲存和訪問控制等，並定期進行安全審查和測試。

4. **欺詐和偽造**：生成式 AI 繪圖的技術可能被濫用於欺詐和偽造目的，這可能包括使用生成的圖像進行虛假廣告、虛構證據或偽造身分等。這需要建立相應的法律框架和監管機制，對濫用生成式 AI 繪圖技術進行規範和制裁。

5. **社交工程和欺詐攻擊**：生成式 AI 繪圖技術的濫用可能導致社交工程和欺詐攻擊的增加，這可能包括使用生成的圖像進行偽裝、身分詐騙或虛假訊息的傳播。防止這些攻擊需要加強用戶教育、增強識別偽造圖像的能力，並建立有效的監測和反制機制。

總之，透過加強資料隱私保護、監測和防範潛在的濫用行為，我們可以確保生成式 AI 繪圖的合理和負責任使用，並保護用戶和社會的利益。

17-2 │ Dalle‧2（文字轉圖片）

DALL-E 2 利用深度學習和生成對抗網路（GAN）技術來生成圖像，並且可以從自然語言描述中理解和生成相應的圖像。例如，當給定一個描述「請畫出有很多氣球的生日禮物」時，DALL-E 2 可以生成對應的圖像。

DALL-E 2 模型的重要特點是它具有更高的圖像生成品質和更大的圖像生成能力，這使得它可以創造出更複雜、更具細節和更逼真的圖像。DALL-E 2 模型的應用非常廣、而且商機無窮，可以應用於視覺創意、商業設計、教育和娛樂等各個領域。

利用 DALL-E 2 以文字生成高品質圖像

要體會這項文字轉圖片的 AI 利器，可以連上 https://openai.com/dall-e-2/ 網站，接著請按下圖中的「Try DALL-E」鈕：

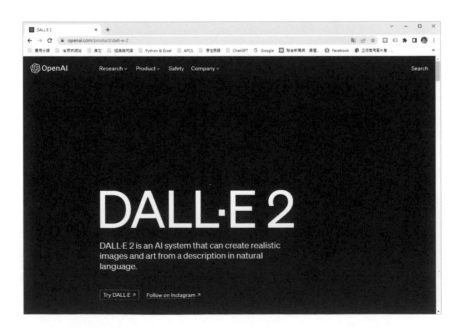

再按下「Continue」鈕表示同意相關條款：

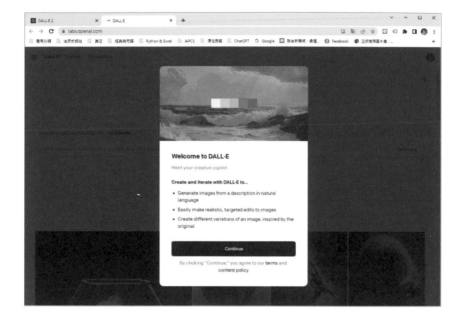

如果想要馬上試試，就可以按下圖的「Start creating with DALL-E」鈕：

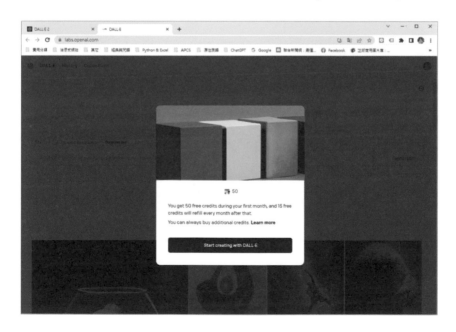

接著請輸入關於要產生的圖像的詳細描述，例如下圖輸入「請畫出有很多氣球的生日禮物」，再按下「Generate」鈕：

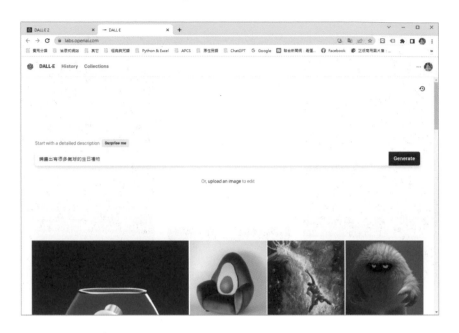

之後就可以快速生成品質相當高的圖像。如下圖所示：

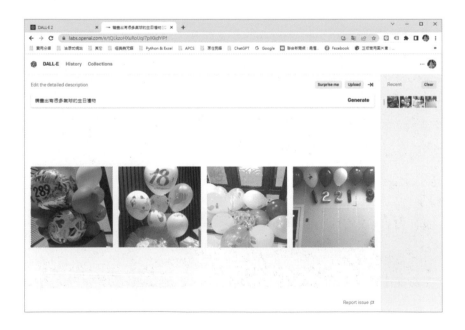

17-3 | 使用 Midjourney 輕鬆繪圖

Midjourney 是一款輸入簡單的描述文字就能讓 AI 自動建立出獨特而新奇的圖片程式，只要 60 秒的時間，就能快速生成四幅作品。

由 Midjourney 產生的長髮女孩

想要利用 Midjourney 來嘗試作圖，你可以先免費試用，不管是插畫、寫實、3D 立體、動漫、卡通、標誌或是特殊的藝術風格，它都可以輕鬆幫你設計出來。不過免費版有限制生成的張數，之後就必須訂閱付費才能夠使用，而付費所產生的圖片可作為商業用途。

📀 申辦 Discord 的帳號

要使用 Midjourney 之前必須先申辦一個 Discord 的帳號，才能在 Discord 社群上下達指令。各位可以先前往 Midjourney AI 繪圖網站，網址為：https://www.midjourney.com/home/。

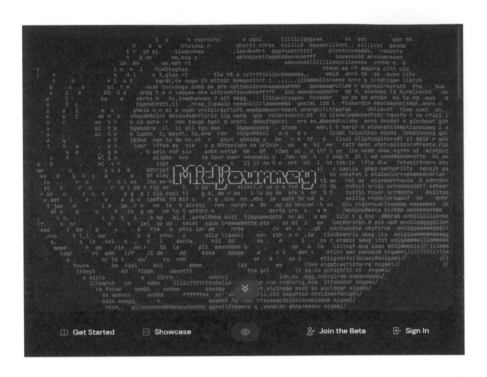

請先按下底端的「Join the Beta」鈕，它會自動轉到 Discord 的連結，請自行申請一個新的帳號，過程中需要輸入個人生日、密碼、電子郵件等相關資訊；目前需要幾天的等待時間才能被邀請加入 Midjourney。

不過，Midjourney 原本開放給所有人免費使用，但申於申請的人數眾多，官方已宣布不再提供免費服務，費用為每月 10 美金才能繼續使用。

➡ 登入 Midjourney 聊天室頻道

Discord 帳號申請成功後，每次電腦開機時就會自動啟動 Discord。當你受邀加入 Midjourney 後，你會在 Discord 左側看到【⛵】鈕，按下該鈕就會切換到 Midjourney。

❶ 按此鈕切換到 Midjourney

❸ 由右側欄位可欣賞其他新成員的作品與下達的關鍵文字

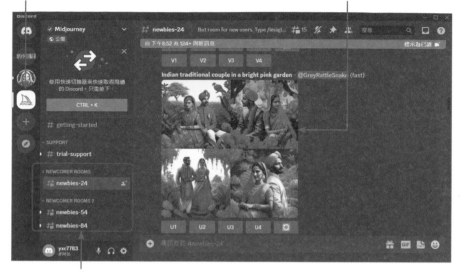

❷ 點選「newcomer rooms」中的任一頻道

對於新成員，Midjourney 提供了「newcomer rooms」，點選其中任一個含有「newbies-#」的頻道，就可以讓新進成員進入新人室中瀏覽其他成員的作品，也可以觀摩他人如何下達指令。

產生的 4 組圖片　　　　　　　　　　下達的關鍵文字

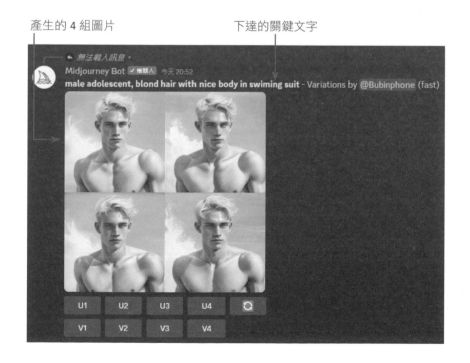

下達指令詞彙來作畫

當各位看到各式各樣精采絕倫的畫作，是不是也想實際嘗試看看！下達指令的方式很簡單，只要在底端含有「+」的欄位中輸入「/imagine」，然後輸入英文詞彙即可。你也可以透過以下方式來下達指令：

❶ 先進入新人室的頻道

❷ 按此鈕，並下拉選擇「使用應用程式」

❸ 再點選此項

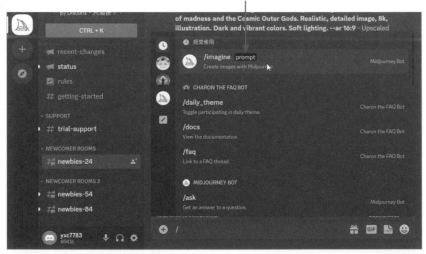

❹ 在 Prompt 後方輸入你想要表達的英文字句，按下「Enter」鍵

❺ 約莫幾秒鐘，就會在上
方顯示的作品

上方會顯示你所下達的指令和你的帳號

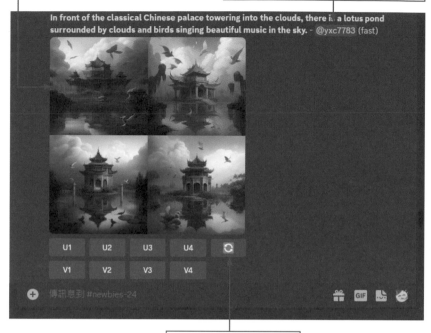

In front of the classical Chinese palace towering into the clouds, there is a lotus pond
surrounded by clouds and birds singing beautiful music in the sky. - @yxc7783 (fast)

不滿意可按此鈕重新刷新

💠 英文指令找翻譯軟體幫忙

對於如何在 Midjourney 下達指令詞彙有所了解後，再來說說它的使用技巧
吧！首先是輸入的 prompt，輸入的指令詞彙可以是長文的描述，也可以透過逗點
來連接詞彙。

在觀看他人的作品時，對於喜歡的畫風，你可以參閱他的描述文字，然後應用
到你的指令詞彙之中。如果你覺得自己英文不好也沒有關係，可以透過 Google 翻
譯或 DeepL 翻譯器之類的翻譯軟體，把你要描述的中文詞句翻譯成英文，再貼入
Midjourney 的指令區即可。同樣地，看不懂他人下達的指令詞彙，也可以將其複
製後，以翻譯軟體幫你翻譯成中文。

要特別注意的是，由於目前試玩 Midjourney 的成員眾多，洗版的速度非常快，你若沒有看到自己的畫作，往前後找找就可以看到。

🡆 重新刷新畫作

在你下達指令詞彙後，萬一呈現出來的四個畫作與你期望的落差很大，一種方式是修改你所下達的英文詞彙，另外也可以在畫作下方按下 🔄 重新刷新鈕，Midjourney 就會重新產生新的 4 個畫作出來。

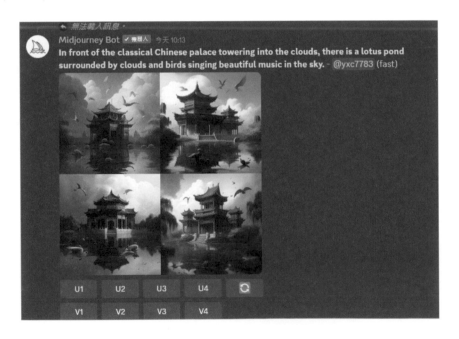

如果你想以某一張畫作來進行延伸的變化，可以點選 V1 到 V4 的按鈕，其中 V1 代表左上、V2 是右上、V3 左下、V4 右下。

📌 取得高畫質影像

常產生的畫作有符合你的需求，你可以可慮將它保留下來。在畫作的下方可以看到 U1 到 U4 等 4 個按鈕，其中的數字是對應四張畫作，分別是 U1 左上、U2 右上、U3 左下、U4 右下；如果你喜歡右上方的圖，可按下 U2 鈕，它就會產生較高畫質的圖給你，如下圖所示。按右鍵於畫作上，執行「開啟連結」指令，會在瀏覽器上顯示大圖，再按右鍵執行「另存圖片」指令，就能將圖片儲存到你指定的位置。

📌 新增 Midjourney 至個人伺服器

由於目前使用 Midjourney 來建構畫作的人很多，所以當各位下達指令時，常常因為他人的洗版，讓你要找尋自己的畫作也要找半天。如果你有相同的困擾，可以考慮將 Midjourney 新增到個人伺服器中，如此一來就能建立一個你與 Midjourney 專屬的頻道。

■ 新增個人伺服器

首先你要擁有自己的伺服器。請在 Discord 左側按下「+」鈕來新增個人的伺服器，接著你會看到「建立伺服器」的畫面，按下「建立自己的」的選項，再輸入個人伺服器的名稱，如此一來個人專屬的伺服器就可建立完成。

■ 將 Midjourney 加入個人伺服器

有了自己專屬的伺服器後，接下來準備將 Midjourney 加入到個人伺服器之中。

❶ 切換到個人伺服器

❷ 按此新增你的第一個應用程式

❸ 輸入 Midjourney，按下「Enter」鍵進行搜尋

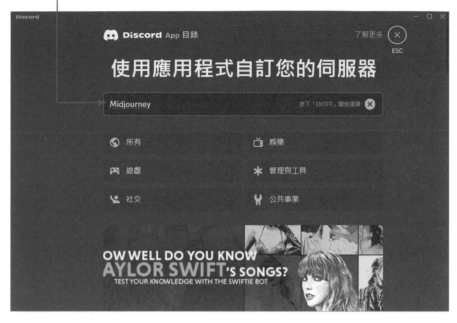

❹ 找到並點選 Midjourney Bot，接著選擇「新增至伺服器」鈕

接下來還會看到如下兩個畫面，告知你 Midjourney 將存取你的 Discord 帳號，按下「繼續」鈕，保留所有選項預設值後再按下「授權」鈕，就可以看到「已授權」的綠勾勾，順利將 Midjourney 加入到你的伺服器當中。

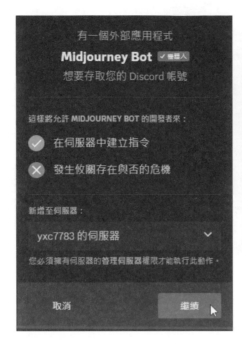 

完成如上的設定後，依照前面介紹的方式使用 Midjourney，就不用再怕被洗版了！

17-4｜功能強大的 Playground AI 繪圖網站

　　在本單元中，我們將介紹一個便捷且強大的 AI 繪圖網站，它就是 Playground AI。這個網站免費且不需要進行任何安裝程式，並且經常更新，以確保提供最新的功能和效果。Playground AI 目前提供無限制的免費使用，讓使用者能夠完全自由地客製化生成圖像，同時還能夠以圖片作為輸入生成其他圖像。使用者只需先選擇所偏好的圖像風格，然後輸入英文提示文字，最後點擊「Generate」按鈕即可立即生成圖片。網站的網址為 https://playgroundai.com/。這個平台提供了簡單易用的工具，讓你探索和創作獨特的 AI 生成圖像體驗。

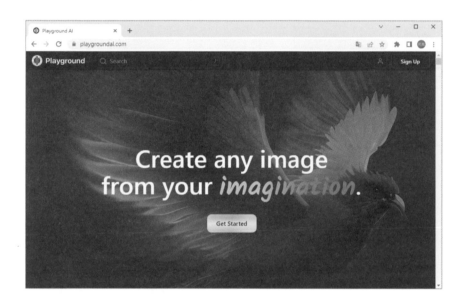

學習圖片原創者的提示詞

　　首先，讓我們來探索其他人的技巧和創作。當你在 Playground AI 的首頁向下滑動時，你會看到許多其他使用者生成的圖片，每一張圖片都展現了獨特且多樣化的風格。你可以自由地瀏覽這些圖片，並找到你喜歡的風格。只需用滑鼠點擊任意一張圖片，你就能看到該圖片的原創者、使用的提示詞，以及任何可能影響畫面出現的其他提示詞等相關資訊。

這樣的資訊對於學習和獲得靈感非常有幫助，你可以了解到其他人是如何使用提示詞和圖像風格來生成他們的作品，這不僅讓你更了解 AI 繪圖的應用方式，也可以啟發你在創作過程中的想法和技巧。無論是學習他人的方法，還是從他人的作品中獲得靈感，都可以讓你的創作更加豐富和多元化。

Playground AI 為你提供了一個豐富的創作社群，讓你可以與其他使用者互相交流、分享和學習。這種互動和共享的環境可以激發你的創造力，並促使你不斷進步和成長。所以，不要猶豫，立即探索這些圖片，看看你可以從中獲得的靈感和創作技巧吧！

❶ 以滑鼠點選此圖片，使進入下圖畫面

圖片生成者　　　此張畫生成的 Prompt

複製 Prompt　　　再混合

即使你的英文程度有限，無法理解內容也不要緊，你可以將文字複製到「Google 翻譯」或者使用 ChatGPT 來協助你進行翻譯，以便得到中文的解釋。此外，你還可以點擊「Copy prompt」按鈕來複製提示詞，或者點擊「Remix」按鈕以混合提示詞來生成圖片。這些功能都可以幫助你更好地使用這個平台，獲得你所需的圖像創作體驗。

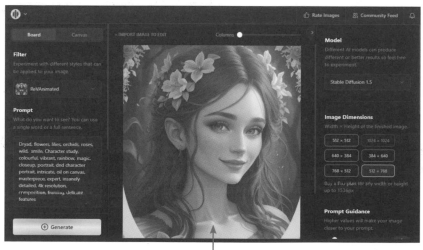

按下「Remix」鈕會進入 Playground 來生成混合的圖片

除了參考他人的提示詞來生成相似的圖像外，你還可以善用 ChatGPT 根據你自己的需求生成提示詞喔！利用 ChatGPT，你可以提供相關的說明或指示，讓 AI 繪圖模型根據你的要求創作出符合你想法的圖像，這樣你就能夠更加個性化地使用這個工具，獲得符合自己想像的獨特圖片。不要害怕嘗試不同的提示詞，挑戰自己的創意，讓 ChatGPT 幫助你實現獨一無二的圖像創作！

初探 Playground 操作環境

　　在瀏覽各種生成的圖片後，我相信你已經迫不及待地想要自己嘗試了。只需在首頁的右上角點擊「Sign Up」按鈕，然後使用你的 Google 帳號登入即可開始，這樣就可以完全享受到 Playground AI 提供的所有功能和特色。

❶ 按此鈕登入帳號

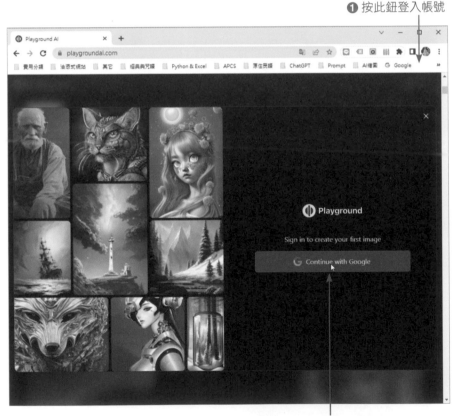

❷ 以 Google 帳戶直接登入

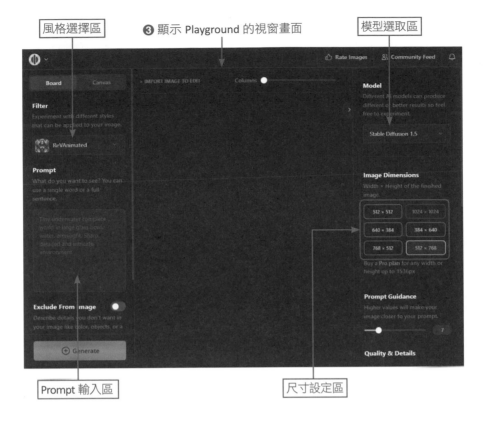

風格選擇區　　❸ 顯示 Playground 的視窗畫面　　模型選取區

Prompt 輸入區　　尺寸設定區

🔵 利用 ChatGPT 取得最佳的提示詞

在這裡，我們將利用 ChatGPT 提出問題來獲得最佳的提示詞，然後將這些提示詞複製到 Playground AI 中生成圖片，這樣做可以確保 Playground AI 生成的圖片更符合我們的期望；讓 ChatGPT 扮演 Playground AI 的提示詞生成器，以獲得更具創意和個性化的繪圖提示，這種結合 ChatGPT 和 Playground AI 的方式將為我們帶來更加豐富和獨特的圖像創作體驗。現在就讓我們開始利用 ChatGPT 來生成最佳的繪圖提示，並在 Playground AI 中展開創作吧！

Q Prompt 指令

接下來請你扮演 Playground AI 繪圖提示生成器

ChatGPT 回答畫面

> **TX** 接下來請你扮演Playground AI繪圖提示生成器
>
> 當然，我很樂意扮演Playground AI繪圖提示生成器的角色。請告訴我
> 您希望生成的圖片內容或提供一些關鍵字，我將努力為您生成一個適
> 合的繪圖提示。請描述您期望的畫面風格、主題或任何您想在圖片中
> 看到的元素。我將嘗試生成一個繪圖提示，讓您可以在Playground AI
> 中繼續創作。請提供您的需求，我將盡力幫助您。

當我們告訴 ChatGPT 我們想要的畫面效果時，接下來就輸入要提示的文字內容。

Q Prompt 指令

我想要一個歡樂的籃球總冠軍賽奪冠的慶祝畫面。

ChatGPT 回答畫面

> **TX** 我想要一個歡樂的籃球總冠軍賽奪冠的慶祝畫面。
>
> 給您的繪圖提示是：「一個歡樂的籃球總冠軍賽奪冠的慶祝畫面」。
> 您可以將這個提示複製並貼到Playground AI的Prompt區塊中，然後按
> 下「Generate」來生成相應的圖片。希望這個繪圖提示能幫助您創作
> 出一個令人歡欣鼓舞的畫面！

如果 ChatGPT 給出的內容符合你的要求，你可以請它將其翻譯成英文。這樣，你就能獲得更優秀的提示詞，並將該段英文文字複製並貼到 Playground AI 中，這將有助於你在 Playground AI 中獲得更理想的生成圖像。

 Prompt 指令

> 請將上面的繪圖提示翻譯成英文

 ChatGPT 回答畫面

> TX　請將上面的繪圖提示翻譯成英文
>
> The translation of the drawing prompt is: "A joyful celebration scene of winning the basketball championship." You can copy and paste this prompt into the Prompt section of Playground AI, and then click on "Generate" to create the corresponding image. I hope this drawing prompt helps you create an inspiring and joyful artwork!

實戰 Playground AI 生成圖片

一旦你登入 Playground 帳號，可以使用左側的篩選器來選擇你喜歡的圖片濾鏡。按下圖示下拉式按鈕後，你將看到各種縮圖，這些縮圖可以大致展示出圖片呈現的風格。在這裡，你可以嘗試更多不同的選項，並發現許多令人驚豔的畫面。不斷探索和試驗，你將發現各種迷人的風格和效果等待著你。

現在，將 ChatGPT 生成的文字內容「複製」並「貼到」左側的提示詞（Prompt）區塊中。右側的「Model」提供四種模型選擇，預設值是「Stable Diffusion 1.5」，這是一個穩定的模型。DALL-E 2 模型需要付費才能使用，因此建議你繼續使用預設值。至於尺寸，免費用戶有五個選擇，其中 1024 x 1024 的尺寸需要付費才能使用。你可以選擇想要生成的畫面尺寸。

❶ 將 ChatGPT 得到的文字內容貼入

❸ 按此鈕生成圖片

❷ 這裡設定一次可生成 4 張圖片

完成基本設定後，最後只需按下畫面左下角的「Generate」按鈕，即可開始生成圖片。

放大檢視生成的圖片

生成的四張圖片太小看不清楚嗎？沒關係，可以在功能表中選擇全螢幕來觀看。

❶ 按下「Action」鈕，在下拉功能表單中選擇「View full screen」指令

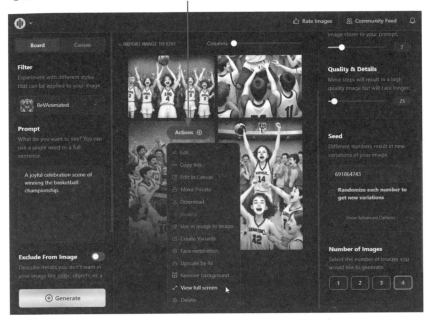

❷ 以最大的顯示比例顯示畫面，再按一下滑鼠就可離開

利用 Create variations 指令生成變化圖

當 Playground 生成四張圖片後，如果有找到滿意的畫面，就可以在下拉功能表單中選擇「Create variations」指令，讓它以此為範本再生成其他圖片。

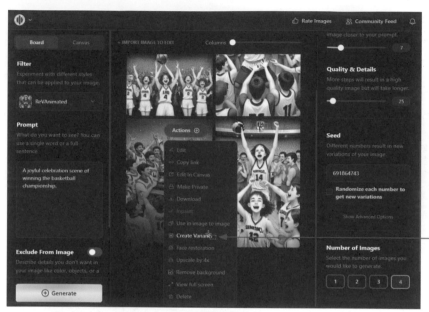

❶ 選擇「Create variations」指令生成變化圖

❷ 生成四張類似的變化圖

生成圖片的下載

當你對 Playground 生成的圖片滿意時,可以將畫面下載到你的電腦上,它會自動儲存在你的「下載」資料夾中。

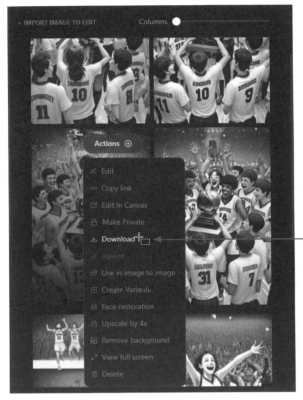

選擇「Download」指令下載檔案

登出 Playground AI 繪圖網站

當不再使用時,如果想要登出 Playground,請由左上角按下 鈕,再執行「Log Out」指令即可。

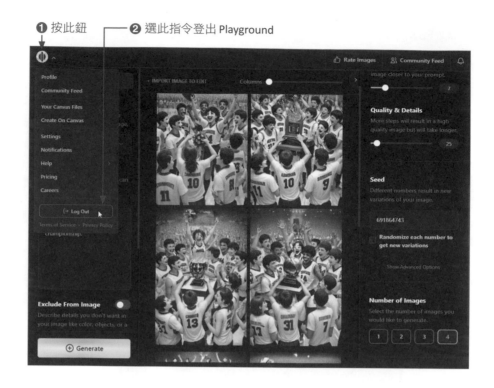

17-5 │ Bing 的生圖工具：Bing Image Creator

微軟的 Bing AI 繪圖工具 Image Creator 是一個方便的工具，它能夠幫助使用者輕鬆地將文字轉換成圖片。在 2023 年 2 月份，Bing 搜尋引擎和 Microsoft Edge 瀏覽器推出了整合 ChatGPT 功能的最新版本。而在 3 月份，微軟正式推出了全新的「Bing Image Creator（影像建立者）」AI 影像生成工具，並且這個工具是免費提供給所有使用者的。Bing Image Creator 可以讓使用者輸入中文和英文的提示詞，並將其快速轉換為圖片。

🔵 從文字快速生成圖片

現在，讓我們來示範如何使用 Bing Image Creator 快速生成圖片。首先請各位先連上以下的網址，參考以下的操作步驟：

網站連結 https://www.bing.com/create

❶ 點選「加入並創作」鈕

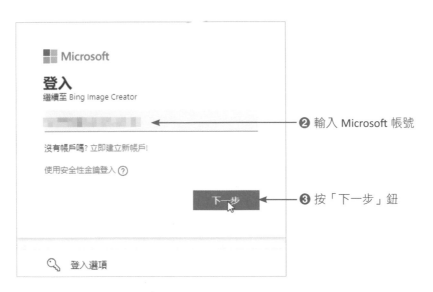

❷ 輸入 Microsoft 帳號

❸ 按「下一步」鈕

❹ 輸入使用者 Microsoft 帳號的密碼

❺ 再按下「登入」鈕

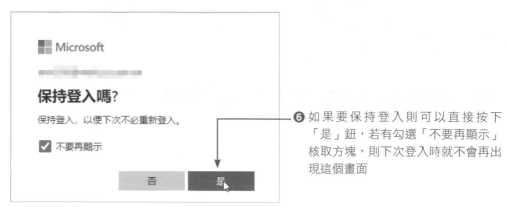

❻ 如果要保持登入則可以直接按下
「是」鈕，若有勾選「不要再顯示」
核取方塊，則下次登入時就不會再出
現這個畫面

登入後就可以開始使用 Bing Image Creator，下圖為介面的簡易功能説明：

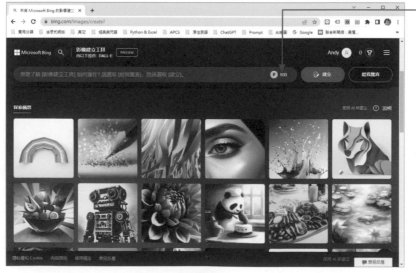

這裡會有 Credits
的 數字，雖然
它是免費，但
每次生成一張
圖片則會使用
掉一點

接著我們就來示範如何從輸入提示文字到產生圖片的實作過程：

❶ 輸入提示文字「The beautiful hostess is dancing with the male host on the dance floor.」（也可以輸入中文提示詞）

❷ 按「建立」鈕可以開始產生圖

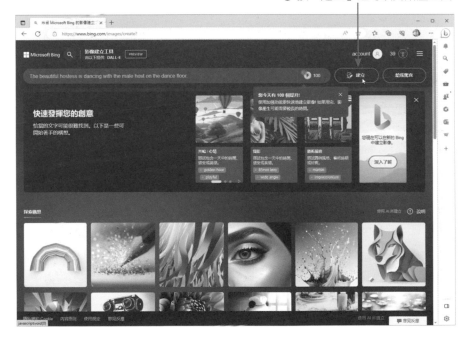

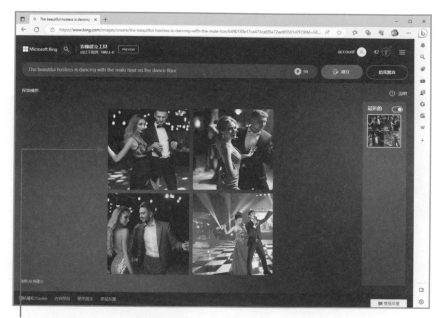

❸ 一些秒數之後就可以根據提示詞一次生
成 4 張圖片，請點按其中一張圖片

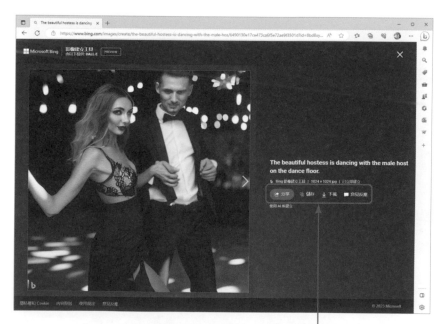

❹ 接著就可以針對該圖片進行分享連結、儲存到網路剪貼
簿功能的「集錦」中或下載圖檔等操作。Microsoft Edge
瀏覽器「集錦」功能可收集整理網頁、影像或文字

❺ 當按下 Edge 瀏覽器上的集合鈕，就可以查看目前儲存在「集錦」內的圖片

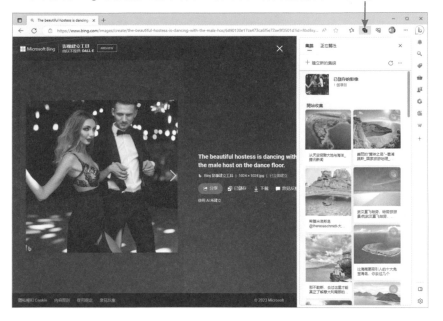

➡️「給我驚喜」可自動產生提示詞

如果需要，你可以再次輸入不同的提示詞，以生成更多圖片。這樣，你就可以使用 Bing Image Creator 輕鬆將文字轉換成圖片了。或是按下圖的「給我驚喜」可以讓系統自動產生提示文字。

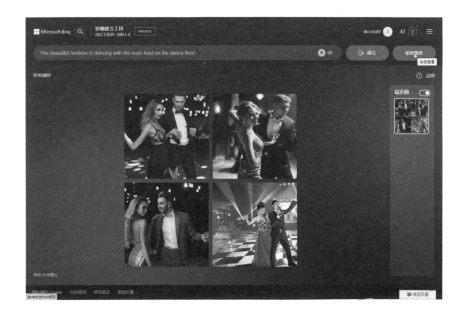

有了提示文字後，只要再按下「建立」鈕就可以根據這個提示文字生成新的四張圖片，如下圖所示：

MEMO.

MEMO.